高职高专计算机类专业系列教材

Java 程序设计立体化教程

主　编　沈　萍　梅灿华

副主编　张　莉　黄　佩

参　编　王重毅　马愉兴

西安电子科技大学出版社

内 容 简 介

本书共 11 个项目，涉及 Java 语言基础、类和对象、封装、重载、继承、抽象类、接口和多态、数组与集合、异常和异常处理、文件输入/输出、图形用户界面设计、多线程等内容。每个项目的内容都经过精心设计，包括项目综述、知识要点、任务实现、实战练习，并将相关知识点巧妙地嵌入到每个项目中。学生在完成项目任务的同时，可掌握相关知识，发展职业能力。

本书为新形态教材，书中除了提供电子教案、课件、源代码、习题详解等教学资源外，还特别录制了丰富的微课视频，针对重点、难点知识进行了详细的讲解。此外，书中还结合具体的教学项目融入了 10 个课程思政案例，供读者参考学习。

本书可作为高校计算机相关专业的教材，同时也可作为广大计算机爱好者的学习用书和各类 Java 程序设计培训班的教学用书。

图书在版编目(CIP)数据

Java 程序设计立体化教程 / 沈萍，梅灿华主编. —西安：西安电子科技大学出版社，2022.9
(2023.1 重印)
ISBN 978-7-5606-6642-6

Ⅰ. ①J… Ⅱ. ①沈… ②梅… Ⅲ. ①JAVA 语言—程序设计—高等学校—教材
Ⅳ. ①TP312.8

中国版本图书馆 CIP 数据核字(2022)第 158120 号

策　　划　刘小莉
责任编辑　刘小莉
出版发行　西安电子科技大学出版社(西安市太白南路 2 号)
电　　话　(029)88202421　88201467　　　　邮　编　710071
网　　址　www.xduph.com
　　　　　　　　　　　　　　　　　　电子邮箱　xdupfxb001@163.com
经　　销　新华书店
印刷单位　陕西博文印务有限责任公司
版　　次　2022 年 9 月第 1 版　2023 年 1 月第 2 次印刷
开　　本　787 毫米×1092 毫米　1/16　印 张　10.75
字　　数　249 千字
印　　数　1001～3000 册
定　　价　33.00 元
ISBN 978 - 7 - 5606 - 6642 - 6 / TP

XDUP 6944001-2

如有印装问题可调换

前　　言

Java 是一种可以撰写跨平台应用程序的面向对象的程序设计语言，几乎是任何网络应用的基础，也是开发和提供嵌入式应用、游戏、Web 内容和企业软件的全球标准。Java 技术具有卓越的通用性、高效性、平台移植性和安全性，广泛应用于 PC、数据中心、游戏控制台、科学超级计算机、移动电话和互联网等。在全球云计算和移动互联网的产业环境下，Java 更具备了显著优势和广阔前景。

本书是作者根据多年的教学经验以及实际的项目开发经验，在翻阅了众多 Java 语言教材的基础上，博采众长，精心编写的。本书的编写原则是以使用技能为核心，以用为本，学以致用。与传统的教材编写方式不同，本书内容的安排以项目为中心开展，每个项目都采用一个开发案例来组织内容，先是任务分析，然后是讲解其中涉及的知识点，最后是任务实现。在案例的选择上，不仅考虑案例的实用性，而且也尽可能提高案例的趣味性，并加强与日常生活中遇到的问题和现象的联系，从而促进读者理解案例内容。

要想学好 Java，实践是硬道理。要敢于编码，乐于编码，大量编码才能够达到熟练的程度。不要背诵对象有哪些方法、属性，而要使用这个对象去解决实际问题。把书中的所有例子都自己写一遍，然后在此基础上进行修改来加深理解，最后通过书中的实战练习题来加深对概念的理解，提高编码能力。

本书的主编梅灿华教授是省级教学名师。感谢参与本书编写的所有作者，感谢他们和编者共同完成了这本书，特别是杭州有赞科技有限公司的李遵源工程师、杭州会盈科技有限公司的赵爽工程师，他们在案例及课程内容上提出了宝贵的建议。在编写过程中，编者参考了大量专家与学者的文献、著作等宝贵资料，在此谨向有关的专家与学者表示深深的谢意。

由于编者水平有限，书中不足之处在所难免，敬请广大读者批评指正。

编　者

2022 年 4 月 8 日

目　　录

项目 1　我的第一个 Java 应用程序

工作任务

- ➢ 安装配置 Java 开发环境：MyEclipse Professional 2014。
- ➢ 编写第一个 Java 程序：HelloJava.java。

  实现功能：在屏幕上打印一行"你好，Java！我是张无忌！"。

能力目标

- ➢ 了解 Java 的技术内容。
- ➢ 学会安装配置开发环境。
- ➢ 学会开发第一个 Java 程序。
- ➢ 掌握简单调试与排错技术。

项 目 综 述

　　张无忌重出江湖，他对软件开发非常感兴趣，听说 Java 语言已经成了主流编程语言，遂到前程无忧网上去搜索，发现 Java 相关岗位就有四万多条记录，于是决定到软件班学习 Java 编程。他重新成为了一名学生，现在他的学号是 08 号。怎么才能写出第一个 Java 程序(见图 1-1)呢？

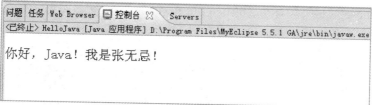

图 1-1　第一个 Java 程序

知 识 要 点 一

1. 为什么学习 Java

Java 是著名的 Sun 公司(Sun 公司在 2009 年被甲骨文公司收购)于 1995 年推出的一种

跨平台的面向对象的编程语言。Java 技术可以应用在几乎所有类型和规模的设备上，小到计算机芯片、蜂窝电话，大到超级计算机，无所不在。

在当前的软件开发行业中，Java 已经成了绝对的主流语言，Java 领域的 JavaSE、JavaEE 技术已经发展成为同微软公司的 C#和.NET 技术平分天下的应用软件开发技术和平台。TIOBE 编程语言社区排行榜是编程语言流行趋势的一个指标，每月更新，这份排行榜排名基于互联网上有经验的程序员、课程和第三方厂商的数据。在这个排行榜中，从 2009 年至今，Java 一直是排在前端的面向对象程序设计语言。

Java 到底是如何诞生的呢？早在 1991 年，在 Sun 公司内，有一个称为 Green 的项目，在 James Gosling 的带领下，这个项目的工程师们受命设计一种小型的计算机语言，用于机顶盒、家电控制芯片等消费类设备。最初，这种语言被命名为"Oak"(James Gosling 办公室窗外有一颗橡树)，但后来由于"Oak"这一名字已经被占用，所以改名为"Java"。据说是因为当时人们在构想新名字的时候，正在品尝着一种来自印度尼西亚爪哇岛(Java)的咖啡，于是就选用了"Java"作为新语言的名字，所以 Java 语言的标志就是一杯热气腾腾的咖啡！Java 图标如图 1-2 所示。Java 语言的创始人 James Gosling 也被人们誉为"Java 语言之父"。

图 1-2　Java 图标

Java 语言的发展并不是一帆风顺的，分组讲述 Java 之父 James Gosling 开发 Java 语言所经历的故事，讨论一下，他有什么值得你学习的品质。

2. Java 可以做什么

Java 语言这么火热，它究竟可以做什么呢？Java 语言的应用有很多，如手机游戏、应用软件、企业网站、大型银行系统的开发等，移动互联网中 Android 的开发也是基于 Java 语言的。由于 Java 是独立于平台的，因此它还可以应用于计算机之外的领域。Java 程序可以在便携式计算机、电视、电话、手机和其他设备上运行。

如果仔细观察就会发现，Java 就在我们身边。使用 Java 语言编写的常见开源软件包括 NetBeans、Eclipse 集成开发环境、永中 Office、Websphere 等。目前最火热的是政府、企业、商家、个人等各种基于 Web 的系统的开发，如图 1-3 所示；手机上的 Java 程序和游戏已经不胜枚举，如图 1-4 所示。

图 1-3　用 Java 技术编写的个人博客系统

图 1-4　手机游戏

3. Java 技术平台简介

为了满足不同开发人员的需求，Java 开发平台具有以下 3 个不同的版本。

(1) JavaSE：Java 平台标准版，主要用于桌面程序的开发。它是学习 JavaEE 和 JavaME 的基础，也是本书的重点内容。

(2) JavaEE：Java 平台企业版，主要用于网络程序和企业级应用的开发。随着互联网的发展，越来越多的企业使用 Java 语言来开发自己的官方网站，特别是一些政府机构、银行企业等。

1-1　Java 介绍

(3) JavaME：Java 平台嵌入式版，主要用于嵌入式系统程序的开发，常见的是手机游戏。

4. 开发 Java 程序的步骤

开发 Java 程序的步骤如下：

第一步：编写源程序。我们把下达的指令逐条用 Java 语言描述出来，这就是编制的程序。通常称这个文件为源程序或源代码，Java 源程序文件使用.java 作为扩展名。

第二步：编译。源程序经过编译器的翻译，输出结果就是后缀名为.class 的文件，我们称它为字节码文件。

第三步：运行。在 Java 平台上运行字节码文件(.class)，便可看到运行结果。

Java 程序的开发过程如图 1-5 所示。

图 1-5　Java 程序开发过程

那么，编译器、运行平台到底在哪里呢？接下来就是我们准备工具的时间了。

任务 1　安装及配置 Java 开发环境

任务要求：在电脑上安装及配置 Java 开发环境。

除了甲骨文公司提供的 JDK(Java Development Kit，Java 开发工具包)外，Java 的集成开发环境有很多，如 IntelliJ IDEA、Eclipse、JBuilder、NetBeans、MyEclipse 等。本书选用 MyEclipse 软件。

张无忌按照以下步骤，顺利地在自己的电脑上配置好了 MyEclipse 开发环境。

1-2　安装 JDK

(1) 安装 jdk-8u20-windows-i586.exe(JDK1.6 或以上的版本，官网下载地址：http://www.oracle.com/technetwork/cn/java/javase/downloads/index.html)。可以安装在 D:\Program Files\Java 目录下，安装好后会在 D:\Program Files\Java 目录下生成两个文件夹，分别为 jdk1.8.0_20 和 jre1.8.0_20。

(2) 安装 myeclipse-pro-2014-GA-offline-installer-windows.exe(官网下载地址：http://www.myeclipsecn.com/download/)。按照提示采用默认安装即可。可以安装在 D:\Program Files\MyEclipse 2014 目录下。

(3) 配置 MyEclipse 平台。

① 启动 MyEclipse，如果是初次启动，将会出现一个对话框，征询用户将工作空间设置到何处，可以选择 D:\workspace(建议放在非系统盘上)。

② 如果是初次启动，MyEclipse 将显示一个欢迎界面，可以关掉它。

③ 单击【窗口】|【首选项】命令菜单，进行以下设置：

· Java 设置：单击左边目录树中的【Java】|【构建路径】选项，在窗口右侧的【源和输出文件夹】选项组中单击【文件夹】按钮，在【作为 JRE 库使用】下拉列表框中选择"JRE_LIB 变量"，单击【应用】按钮。

· 单击【Java】|【已安装的 JRE】，在窗口右侧单击【添加】按钮，选择 JDK1.8 的安装目录(D:\Program Files\Java\ jdk1.8.0_20)。

1-3　安装 MyEclipse

任务2　第一个 Java 程序

任务要求：创建 Java 项目及第一个 Java 程序。

有了工具，接下来就可以开始我们的 Java 之旅了。

第一步：创建一个 Java 项目。

在 MyEclipse 中，创建一个 Java 项目。选择菜单【文件】

1-4　创建第一个 Java 文件

|【新建】|【Java 项目】，在弹出的"新建 Java 项目"对话框中选择"创建 Java 项目"，单击【下一步】按钮，在"新建 Java 项目"对话框的"项目名"一栏中输入你为自己的项目起的名字，张无忌输入的是"08zwj"(学号+姓名首字母)，单击【完成】按钮，即可完成项目的创建。图1-6展示了创建一个 Java 项目的过程。

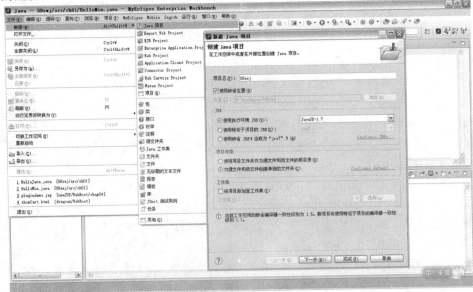

图 1-6　在 MyEclipse 中创建一个 08zwj 项目

第二步：手动创建 Java 源程序。

在 MyEclipse 中，右键单击刚才创建的项目"08zwj"下的 src 文件夹，单击【新建】|【包】，在弹出的"新建 Java 包"对话框里，在名称处输入"ch01"，然后单击【完成】按钮，如图 1-7 所示。右键单击 ch01 包，单击【新建】|【文件】，在弹出的"新建文件"对话框的"文件名"栏中，输入源程序的名字，张无忌给它取名叫"HelloJava.java"，单击【完成】按钮，就创建了源文件，如图 1-8 所示。

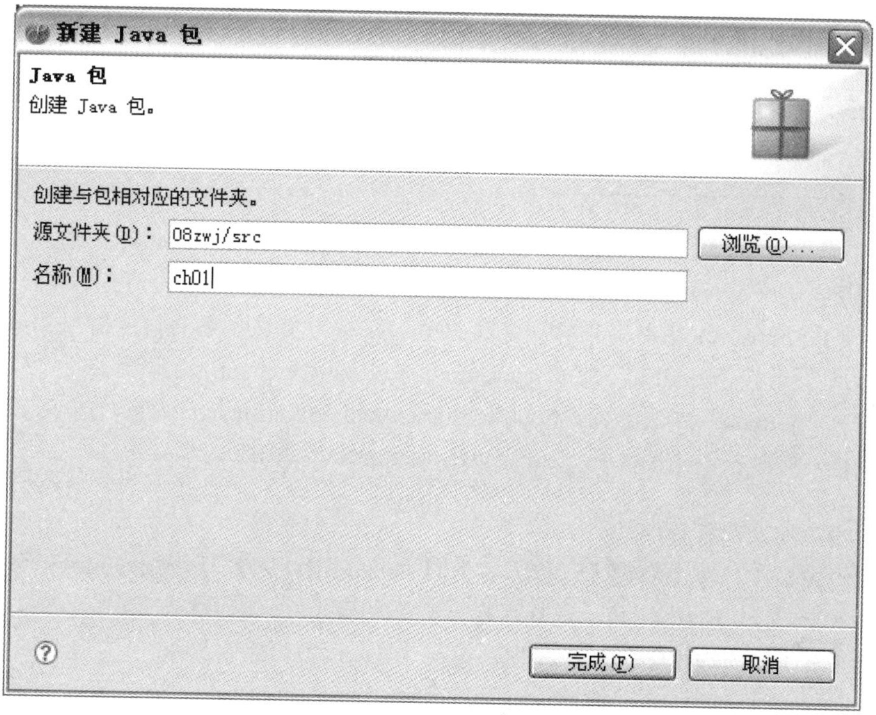

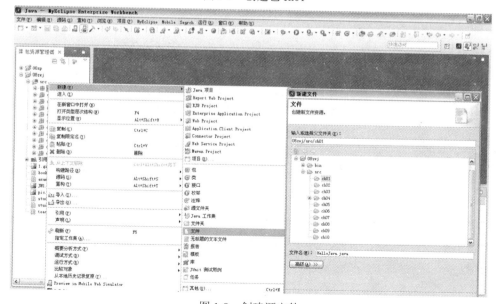

图 1-7　创建包 ch01

图 1-8　创建源文件

在 HelloJava.java 文件中输入如图 1-9 所示内容。该程序的功能是：在控制台输出"你好，Java！我是张无忌！"。

```java
package ch01;

public class HelloJava{

    public static void main(String[] args) {
        System.out.println("你好，Java！我是张无忌！");

    }
}
```

图 1-9   HelloJava.java 源代码

小技巧

在 MyEclipse 软件中，可用快捷键"Alt+/"辅助完成代码的快速输入，如输入"pa"后，同时按下"Alt+/"，完成 package 的输入；输入 main 后，同时按下"Alt+/"，选择第一个"main"方法，完成 public static void main(String[] args)的输入；输入"sysout"，同时按下"Alt+/"，完成 System.out.println 的输入。

第三步：编译运行程序。

在代码窗口中，单击右键【运行方式】|【Java 应用程序】，如图 1-10 所示，或者单击工具栏 ▶ ▾ 按钮旁边的小三角，选择运行方式下的 ▯ 1 Java 应用程序   Alt+Shift+X, J ，如果看到如图 1-1 所示的输出结果，恭喜你，第一个 Java 程序编写成功！

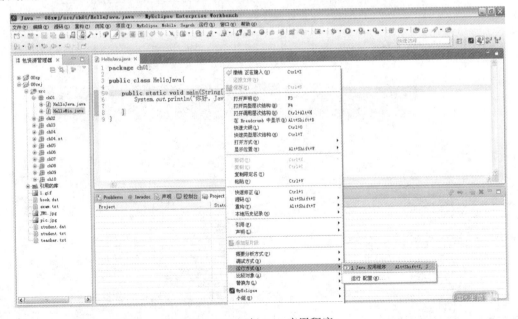

图 1-10   运行 Java 应用程序

我们来分析 Java 源程序的组成部分：

(1) 包的创建： package ch01；表示创建一个包，包名称为 ch01，之后所有的代码都放在 ch01 包中，后面紧跟着 ";"。

(2) 程序框架： public class HelloJava{ } 这里命名类名为 HelloJava，它要和程序文件的名字一模一样。类名前面有 public(公共的)和 class(类)两个词修饰，中间用空格分隔。类名后面跟一对大括号，所有属于这个类的代码都放在 "{" 和 "}" 之间。

(3) main 方法的框架：public static void main(String[] args){ } main 方法就像是房子的大门，我们把它叫作 "入口"，所有 Java 应用程序都从 main 开始执行。一个程序只能有一个 main 方法。在写 main 方法时，前面的 public、static、void 都是必须的，而且顺序不能改，中间用空格隔开。main 后面的小括号和其中的 "String[] args" 必不可少。我们在后面的章节里慢慢理解每部分的含义。

(4) 填写的代码：在 main 方法后有一对大括号，让计算机执行的指令都写在这里。System.out.println(" 你好，Java！我是张无忌！ ");这一行的作用就是打印一句话。System.out.println()是 Java 语言自带的功能，使用它可以向控制台输出信息。在程序中，我们只要把需要输出的话用英文引号引起来放在 System.out.println()中就可以了。

知 识 要 点 二

1. Java 项目组织结构

运行出了第一个 Java 应用程序，我们再回头看看 Java 项目的组织结构。

1) 包资源管理器

在 MyEclipse 界面的左侧，可以看到包资源管理器视图，如图 1-11 所示。什么是包呢？可以理解为文件夹，在 Java 中我们用包来组织管理 Java 源文件。通过包资源管理器，我们能够查看 Java 源文件的组织结构，以及各个文件是否有错。

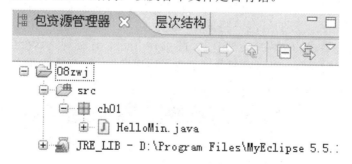

图 1-11　包资源管理器

2) 导航器

在包资源管理器的旁边，还可以看到导航器视图，如图 1-12 所示。导航器类似于 Windows 中的资源管理器，它可将项目中包含的所有文件及层次关系都展示出来。需要注意的是，Java 源文件放在 src 目录下，编译后的 .class 文件放在 bin 目录下。

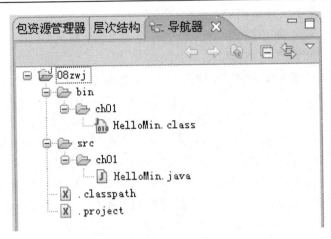

图 1-12　导航器

小技巧

如果你无法看到图 1-11 和图 1-12 这两个视图，可以单击【窗口】|【显示视图】|【包资源管理器】和【窗口】|【显示视图】|【导航器】打开。

2. 常见错误

程序开发难免会出错。接下来讨论一下如果在写代码过程中出现了错误，MyEclipse 会提供什么样的帮助。

1) 类名是否可以随便起

1-5　Java 程序常见错误

在前面写的代码中，HelloJava 是类名，是张无忌起的名，那么这个类名是不是可以随便起呢？在 HelloJava.java 文件中，我们把类名改为 hellojava，修改后的代码如图 1-13 所示。其中"//"开始的是单行注释，不参与代码的编译。也可以用"/*"和"*/"来实现多行注释。修改后保存(Ctrl+S)，我们看到 MyEclipse 进行了自动编译。在修改的那一行的左侧出现了一个带红色叉号的灯泡，将鼠标移动到灯泡上会出现一个错误提示"公用类型 hellojava 必须在它自己的文件中定义"，如图 1-14 所示。仔细观察这个页面，可以发现在包资源管理器、编辑视图、问题视图中都给出了错误标志。在问题视图中双击问题信息行，系统会将相应的错误代码用蓝色背景色进行标示，一目了然。

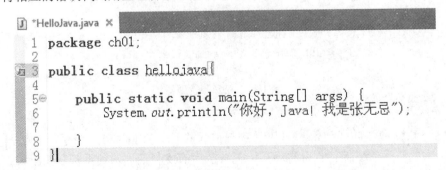

图 1-13　错误定义的类名

结论 1：public 修饰的类的名称必须与所在的 Java 文件同名！

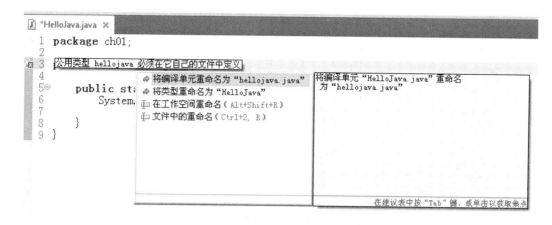

图 1-14　更改类名后的错误页面

2) System 与 system 是否一样

Java 里面，是否可以随意使用字母大小写呢？我们把用来输出信息的 System 的首字母 S 改成小写 s，将修改后的代码保存，可以看到 MyEclipse 告诉会提示出错了——"无法解析 system!"，说明 MyEclipse 不认识 system。

结论 2：Java 对字母大小写敏感！

3) 不用";"是否可以

我们仍然来修改输出消息的那一行代码，将句末的";"去掉。保存后，MyEclipse 提示：语法错误，将";"插入到完整语句中。

结论 3：在 Java 中，一个完整的语句都要以";"结尾(英文状态)。

4) 字符串是否必须要用引号引起来

我们常常会不小心漏掉一些东西，比如忘记写大括号，一对括号只写了一个，一对引号只写了一半，这些错误 MyEclipse 都会给予提示。

结论 4：输出的字符串必须用引号引起来，而且必须是英文的引号。

　　在 Java 语言中即使一个标点符号用错，都能导致程序无法运行，所以，在写代码过程中一定要认真、仔细、严谨。

实 战 练 习

1. 从控制台打印输出你的个人信息(Exe1.java)，将源文件存储在 ch01 包中，如图 1-15 所示。

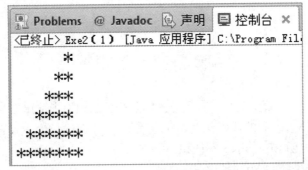

图 1-15　个人信息输出

2. 从控制台输出如图 1-16 所示的图案(Exe2.java)，将源文件存储在 ch01 包中。

图 1-16　图案输出

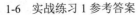

1-6　实战练习 1 参考答案　　　　　　　1-7　实战练习 2 参考答案

项目 2　处理考试成绩

工作任务

➢ 计算成绩总分。
➢ 根据成绩高低做出奖惩。
➢ 判断成绩是优秀、良好、合格还是差。
➢ 循环从键盘输入成绩，计算平均分。

能力目标

➢ 会使用常用数据类型。
➢ 会使用基本运算符。
➢ 掌握键盘输入的方法。
➢ 掌握条件结构的用法。
➢ 掌握循环语句的用法。

项 目 综 述

张无忌的第一学期课程结束了，考试成绩如图 2-1 所示。赵敏想知道张无忌的考试情况，要求无忌计算总成绩，对成绩进行判优，考得好，有奖励，如果考得不好，就要闭关思过。张无忌想，刚好可以用 Java 编程来解决。下面先把第二章的包创建起来。在MyEclipse 中，右键单击导入的项目"08zwj"，单击【新建】|【包】，在弹出的"新建 Java包"对话框里，在名称处输入"ch02"，然后单击完成。

学号	姓名	大学语文	大学英语	Java程序设计	模拟电子技术	思想道德修养与法律基础	大学计算机基础	高等数学	大学体育
08	张无忌	65	66	93.5	87	84	88.5	66.9	优

图 2-1　张无忌的学习成绩

知 识 要 点 一

1. 变量和数据类型

1) 变量

通过内存空间的地址可以找到相对应的数据。内存地址
(0xffffffff)不好记忆，我们给它取个别名，可以理解为是变量。
变量是一个数据存储空间的表示。试想一下你去宾馆住宿的场
景。宾馆服务人员会询问你要什么样的房间？单人间、标准间、豪华间还是总统套房？你
选择后，服务员才会给你安排合适的房间。"先开房，后入住"就描述了数据存入内存的
过程。变量也必须先定义后使用。变量和宾馆房间存在如表 2-1 所示的关系。

2-1　Java 变量和数据类型

表 2-1　变量与房间的对应关系

宾馆里的房间	变　　量
房间名字	变量名
房间类型	变量类型
入住的客人	变量的值

2) 数据类型

把生活中出现的数据进行归类，是整数还是小数？是单个字符还是一串字符？比如，
你常常会看到下面的数据：

年龄：21，22，23 (整数)

身高：178.9，180.5，158.3 (小数)

性别：男，女 (字符)

身份证号码：33072119820723××××，33010620081231××××(字符串)

Java 为我们定义了许多数据类型，表 2-2 列出了常用的数据类型。

表 2-2　常用的 Java 数据类型

数据类型	说　　明	举　　例
int	整型	用于存储整数，比如班级人数、年龄、一年的天数
double	双精度浮点型	用于存储带有小数的数字，比如商品的价格、身高、员工工资
char	字符型(单引号 ' ')	用于存储单个字符，比如性别 '男' 或 '女'、成绩 '优' 或 '良'
String	字符串型(双引号 " ")	用于存储一串字符，比如姓名、身份证号码、成绩 "优秀" 或 "良好"
boolean	布尔类型(表示真、假)	布尔类型只有两个值：true 表示真，false 表示假

　　不同的数据类型在存储时所需的空间各不相同，例如，int 数值要占 4 个字节，而 double 类型数值占 8 个字节。

　　那么如何声明一个变量呢？声明变量的语法如下：

语法　数据类型 变量名;

其中，数据类型可以是 Java 定义的任意一种类型。比如：要存储性别‘男’，姓名为"张无忌"的 Java 课程成绩 93.5。

```
double javaScore;          //声明双精度浮点型变量 javaScore，存储分数
String name;               //声明字符串型变量 name，存储姓名
char sex;                  //声明字符型变量 sex，存储性别
```

有了变量名，就可以给变量赋值。给变量赋值的语法如下：

语法　变量名=值;

例如：javaScore = 93.5;

　　　　name = "张无忌";

　　　　sex = '男';

也可以在声明的时候同时赋值，语法如下：

语法　数据类型 变量名=值;

例如：double javaScore = 93.5;

　　　　String name = "张无忌";

　　　　char sex = '男';

接下来，就可以随意调用变量了，比如：

System.out.println("javaScore="+javaScore);　　//从控制台输出变量 JavaScore 存储的值

具体如图 2-2 所示。

```java
package ch02;

public class TestVar {

    public static void main(String[] args) {
        int i = 0;
        double javaScore = 93.5;
        String name = "张无忌";
        char sex = '男';
        boolean b = true;
        System.out.println("i = "+i);
        System.out.println("javaScore = "+javaScore);
        System.out.println("name = "+name);
        System.out.println("sex = "+sex);
        System.out.println("b = "+b);
    }
}
```

图 2-2　变量的使用

　　需要注意的是，变量都必须声明和赋值后才能使用。宾馆可以随心所欲地给房间起名字"8101""8301"等，但是在给变量起名的时候，就要受到一些约束，如表 2-3 所示。

表 2-3　变量命名规则

条　　件	合法变量名	非法变量名
变量必须以字母、下划线"_"或"$"开头	_myCar $myCar score1 graph_1	*mycar //不能*开头 var% //不能包含% 9var //不能以数字开头 a+b //不能包括+ my var //不能包括空格 t1-2 //不能包括连接符
变量可以包括数字，但是不能以数字开头		
除了"_"或"$"以外，变量名不能包含任何其他特殊字符		
不能使用 Java 关键字，如 int、class、public 等		

　　另外，Java 变量名的长度没有任何限制，但是 Java 语言区分大小写，所以 myCar 和 MyCar 是两个完全不同的变量。

　　　　"没有规矩，不成方圆"，变量名需要按照规则来定义，生活中也是一样，做任何事都要有规则、懂规则、守规则，比如交通规则、学生守则、考试规则等。只有人人都遵守纪律和规则，社会、国家和学校才能正常有序地运行。按时上课、及时完成作业等是学生需要遵守的最基本的规则。

2. 常量

　　在程序运行过程中，变量的值是可以改变的；常量是指一经建立，在程序运行的整个过程中保持不变的量。常量在整个程序中只能被赋值一次。

　　在 Java 语言中要声明一个常量，除了指定数据类型外，还需要通过 final 关键字进行限定。声明变量的语法如下：

　　语法　final 数据类型 常量名=值；

　　常量名通常使用大写字母，但这并不是必需的，很多 Java 程序员使用大写字母表示常量，常常是为了清楚地表明正在使用常量。

　　例如：final double PI = 3.1415926;　　　　　//声明 double 类型常量 PI 并赋值

3. 基本运算符

1) 赋值运算符

赋值运算符"="表示将某个数值或将某个表达式赋给变量。

例如：int money = 100;

　　　　money = 100+50;

2) 算术运算符

表 2-4 展示了常用的算术运算符。

2-2　基本运算符

表 2-4　常用的算术运算符

运算符	说　明	举　例
+	加法运算符，求操作数的和	5+3 等于 8
-	减法运算符，求操作数的差	5-3 等于 2
*	乘法运算符，求操作数的乘积	5*3 等于 15
/	除法运算符，求操作数的商	5/3 等于 1
%	取余运算符，求操作数相除的余数	5%3 等于 2

任务3　计算张无忌同学的课程总分

现在就来帮张无忌一起来计算如图 2-1 所示的所有课程的总成绩吧，主要有四个步骤，分别是定义变量、数据赋值、数据处理、输出结果。

任务实现：在 ch02 包下创建 Java 文件 TotalScore.java，源代码如图 2-3 所示。

```java
package ch02;

public class TotalScore {

    /**
     * 目的：计算张无忌的所有课程总分
     * 大学语文65    大学英语66    Java程序设计93.5
     * 模拟电子技术87     思想道德修养与法律基础84
     * 大学计算机基础88.5    高等数学66.9
     */
    public static void main(String[] args) {

        double yuWen = 65;       //存储语文成绩
        double yingYu = 66;      //英语
        double java = 93.5;      //Java程序设计
        double moDian = 87;      // 模拟电子技术
        double siXiang = 84;     // 思想道德修养与法律基础
        double jiSuanJi = 88.5;  // 大学计算机基础
        double shuXue = 66.9;    // 高等数学
        double totalScore;       // 用来存放总成绩

        totalScore = yuWen + yingYu +java + moDian + siXiang +jiSuanJi + shuXue;
        System.out.println("张无忌的总成绩是："+totalScore); //在控制台上输出

    }
}
```

图 2-3　计算张无忌的课程总成绩

青年既要勤奋学习，积累知识，更要自觉投身实践，在实践中完善知识体系，提升能力。本书中的实践练习就是要求同学们独立编写代码，做诚实守信的人。

知 识 要 点 二

1. 条件结构(if…else…)

生活中有很多比较或判断，如"张无忌的 Java 课程成绩在 90　　2-3　条件结构 if...else

分以上吗？""杭州地铁 1 号线的首发车时间是 5:00 吗？"等。我们可以用布尔型(boolean)来表示真或假，还需要通过关系运算符来比较大小、长短、多少等。表 2-5 列出了 Java 语言提供的关系运算符。

表 2-5　关系运算符

关系运算符	说　　明	举　　例
>	大于	99 > 100，结果为 false
<	小于	大象的寿命 < 乌龟的寿命，结果为 true
>=	大于等于	你每次考试成绩>=0，结果为 true
<=	小于等于	你每次考试成绩<=0，结果为 false
==	等于	地球的大小==篮球的大小，结果为 false
!=	不等于	水的密度!=铁的密度，结果为 true

关系运算符使用举例：

int b1 = 99>100;　　　　//b1 的值是 false

int b2 = 5<=7;　　　　　//b2 的值是 true

程序中如何进行判断呢？这就要用到条件结构了。

1) 基本 if 语句

基本 if 语句的语法如下：

语法　　if(条件) {

　　　　//语句　　条件成立后要执行的语句，可以是一条，也可以是多条

　　　　}

例 1　"如果张无忌的 java 成绩大于 90 分，赵敏说不错，去看电影鼓励下"(见图 2-4)。

```
TestIf1.java ×
 1  package ch02;
 2
 3  public class TestIf1 {
 4
 5      /**
 6       *如果张无忌的java成绩大于90分，赵敏说不错，去看电影鼓励下
 7       */
 8      public static void main(String[] args) {
 9          double java = 93.5;        //Java程序设计
10          if(java > 90){
11              System.out.println("赵敏说：太棒了！走，请你看电影！");
12          }
13      }
14  }
```

图 2-4　if 语句使用

2) 复杂条件下的 if 语句

例 2　"如果张无忌的 java 成绩大于 90 分，并且英语成绩大于 75 分，那么可以参加专升本考试；或者高数成绩大于 80 分，英语成绩大于 75 分，也可以参加专升本考试"(见图 2-5)。

```
Test If2.java  ×
 1  package ch02;
 2
 3  public class TestIf2 {
 4
 5⊖    /**
 6     *如果张无忌的java成绩大于90分，并且英语成绩大于75分，那么可以参加专升本考试；
 7     *或者高数成绩大于80分，英语成绩大于75分，也可以参加专升本考试。
 8     */
 9⊖    public static void main(String[] args) {
10        double java = 93.5;      //Java程序设计
11        double yingYu = 66;      //英语
12        double shuXue = 66.9;    // 高等数学
13
14        if( (java>90 && yingYu>75) ||(shuXue>80 && yingYu>75)){
15            System.out.println("张无忌参加专升本考试！");
16        }
17    }
18 }
```

图 2-5　复杂条件 if 语句

　　这里需要判断的条件比较多，我们需要将多个条件连接起来，Java 中可以使用逻辑运算符连接多个条件。常用的逻辑运算符如表 2-6 所示。

表 2-6　常用的逻辑运算符

逻辑运算符	汉语名称	表达式	说　　明	举　　例
&&	与、并且	条件 1 && 条件 2	两个条件同时为真，结果为真； 两个条件中有一个为假，结果为假。 即：true &&true，结果是 true； true&&false，结果是 false； false&&false，结果是 false；	偶数：整数&&能被 2 整除
||	或、或者	条件 1 || 条件 2	两个条件中有一个为真，结果为真； 两个条件同时为假，结果为假。 即：true ||true，结果是 true； true||false，结果是 true； false||false，结果是 false	从中国去美国的方式：乘飞机||乘船
!	非	! 条件	条件为真时，结果为假； 条件为假时，结果为真。 即：!false 结果是 true； !true 结果是 false	成为优秀软件工程师的条件：!偷懒

3)　if...else 语句

if...else 语句的语法如下：

语法　　if(条件){
　　　　　　//语句 1　条件成立后要执行的语句
　　　　　　}else{
　　　　　　//语句 2　条件不成立要执行的语句
　　　　　　}

　　例 3　"如果张无忌的 java 成绩大于 90 分，赵敏说不错，去看电影鼓励下，否则赵敏要求张无忌闭门思过，练习一百遍乾坤大挪移"（见图 2-6）。

```java
1  package ch02;
2
3  public class TestIf3 {
4
5      /**
6       *如果张无忌的java成绩大于90分，赵敏说不错，去看电影鼓励下
7       *否则，赵敏要求他闭门思过
8       */
9      public static void main(String[] args) {
10         double java = 93.5;        //Java程序设计
11         if(java > 90){
12             System.out.println("赵敏说：太棒了！走，请你看电影！");
13         }else
14             System.out.println("赵敏说：闭门思过去！练一百遍乾坤大挪移！");
15     }
16 }
```

图 2-6　if...else 语句使用

4) 多重 if 语句

多重 if 语句的语法如下：

语法　if(条件 1) {
　　//语句 1　　条件 1 成立后要执行的语句
　　}else if(条件 2) {
　　//语句 2　　条件 2 成立后要执行的语句
　　}else {
　　//语句 3　　条件 1 和条件 2 都不成立要执行的语句
　　}

例 4　"张无忌参加比武大会，如果获得第一名，将出任明教教主，如果获得第二名，将出任明教光明左使，如果获得第三名，则出任明教护教法王，否则，将被逐出明教"（见图 2-7）。

```java
1  package ch02;
2
3  public class TestIf4 {
4
5      /**
6       *张无忌参加比武大会，
7       *如果获得第一名，将出任明教教主，
8       *如果获得第二名，将出任明教光明左使，
9       *如果获得第三名，则出任明教护教法王，
10      *否则，将被逐出明教
11      */
12     public static void main(String[] args) {
13         int mingci = 3;
14         if(mingci == 1){
15             System.out.println("出任明教教主!");
16         }else if(mingci == 2){
17             System.out.println("出任明教光明左使！");
18         }else if(mingci == 3){
19             System.out.println("出任明教护教法王！");
20         }else
21             System.out.println("被逐出明教！");
22
23     }
24
25 }
```

图 2-7　多重 if 语句

2. 多分支选择 switch...case

既然有了 if...else 组合为什么还需要 switch...case 组合呢？这就像你既然有了菜刀为什么还需要水果刀呢？你总不能扛着云长的青龙偃月刀去削苹果吧。if...else 一般表示两个分支或是嵌套少量的分支，但如果分支很多的话，还是用 switch...case 组合更合适。switch...case 语句的语法如下：

语法　　switch(表达式){
　　　　　　　　case　常量表达式 1:　语句 1; break;
　　　　　　　　case　常量表达式 2:　语句 2; break;
　　　　　　　　…
　　　　　　　　case　常量表达式 n:　语句 n; break;
　　　　　　　　default:　语句 n+1;
　　　　　　　}

2-4　多分支选择 switch...case

首先计算表达式的值，并逐个与其后的常量表达式值相比较，当表达式的值与某个常量表达式的值相等时，就会顺序执行后面的程序代码，而不管后面的 case 是否匹配，直到遇见 break。

在使用 switch 语句时还应注意以下几点：

(1) case 后各常量表达式的值不能相同，否则会出现错误。

(2) 在 case 后允许有多个语句，可以不用{ }括起来。

(3) 各 case 和 default 子句的先后顺序可以变动，而不会影响程序执行结果。

(4) default 子句可以省略不用。

例 5　用 switch...case 改写例 4，"张无忌参加比武大会，如果获得第一名，将出任明教教主，如果获得第二名，将出任明教光明左使，如果获得第三名，则出任明教护教法王，否则，将被逐出明教"，源代码如图 2-8 所示。

```java
TestSwitch.java ✕
1  package ch02;
2
3  public class TestSwitch {
4
5      /**
6       *张无忌参加比武大会,
7       *如果获得第一名, 将出任明教教主,
8       *如果获得第二名, 将出任明教光明左使,
9       *如果获得第三名, 则出任明教护教法王,
10      *否则, 将被逐出明教
11      */
12     public static void main(String[] args) {
13         int mingci = 3;
14         switch(mingci){
15         case 1:
16             System.out.println("出任明教教主!");
17             break;
18         case 2:
19             System.out.println("出任明教光明左使! ");
20             break;
21         case 3:
22             System.out.println("出任明教护教法王! ");
23             break;
24         default:
25             System.out.println("被逐出明教! ");
26         }
27     }
28 }
```

图 2-8　swtich...case 示例

3. 键盘输入

如何从键盘输入各种数据？利用 Java.util.Scanner 类可以实现按行输入。使用 Scanner 类创建一个对象：Scanner cin = new Scanner(System.in)；然后使用 cin 对象调用 next()、nextInt()、nextDouble()等方法，可以读取用户在命令行输入的各种数据类型。

例 6 从键盘输入各种数据，源代码如图 2-9 所示。控制台运行效果如图 2-10 所示。

2-5 Java 键盘输入

```java
package ch02;
import java.util.Scanner; //导入Scanner，是用Scanner类的前提
public class TestScanner {
    /**
     *从键盘输入各种数据
     */
    public static void main(String[] args) {
        // TODO Auto-generated method stub

        //定义一个Scanner对象cin
        Scanner cin = new Scanner(System.in);

        System.out.print("请输入一个整数：");
        int zs = cin.nextInt();

        System.out.print("请输入一个小数：");
        double xs = cin.nextDouble();

        System.out.print("请输入字符：");
        String str = cin.next();

        System.out.println("您刚才输入的数分别是："+zs+","+xs+","+str);
    }

}
```

图 2-9 使用 Scanner 类实现从键盘输入

```
问题 Javadoc 声明 🖳控制台 ✖
〈已终止〉TestScanner [Java 应用程序] D:\Program Files\MyEclipse 5.5.1
请输入一个整数：56
请输入一个小数：65.6
请输入字符：Hello
您刚才输入的数分别是：56,65.6,Hello
```

图 2-10 从键盘输入各种数据后控制台运行效果

任务4   对张无忌的大学语文成绩进行评测

任务要求：对张无忌的大学语文成绩进行评测(语文成绩可以定义，也可从键盘输入)。

成绩评定标准如下：

成绩>=90: 优秀   成绩>=80: 良好   成绩>=60: 中等   成绩<60: 差

任务实现：在 ch02 包下创建 Java 文件 TestScore.java，源代码如图 2-11 所示。

```
TestScore.java ×
1   package ch02;
2
3   import java.util.Scanner;
4
5   public class TestScore {
6
7       /**
8        *对张无忌的大学语文成绩进行评测。
9        *成绩>=90: 优秀      成绩>=80: 良好      成绩>=60: 中等      成绩<60: 差
10       */
11      public static void main(String[] args) {
12          Scanner cin = new Scanner(System.in);
13
14          System.out.print("请输入张无忌的语文成绩：");
15          int yuWen = cin.nextInt();    //存储语文成绩
16
17          if(yuWen >= 90) {
18              System.out.println("优秀");
19          }else if(yuWen >= 80) {
20              System.out.println("良好");
21          }else if(yuWen >= 60) {
22              System.out.println("中等");
23          }else{
24              System.out.println("差");
25          }
26      }
27  }
```

图 2-11　对张无忌的大学语文成绩进行评测

知 识 要 点 三

1. 循环结构

张无忌酷爱唱歌，于是他报名参加了"快乐男声"大赛。赵敏为了鼓励他，要他说 100 遍"我能行"。张无忌打算用 Java 编程来实现。尽管心不甘情不愿，但他还是坚持把 100 遍写完了，如图 2-12 所示。事后感叹：还好敏敏让我写的是 100 遍，不是 1000 遍！

2-6　循环语句

```
TestFor1.java ×
1   package ch02;
2
3   public class TestFor1 {
4
5       /**
6        * 张无忌要说100遍"我能行"
7        */
8       public static void main(String[] args) {
9           System.out.println("第1遍：我能行");
10          System.out.println("第2遍：我能行");
11          System.out.println("第3遍：我能行");
12          System.out.println("第4遍：我能行");
13          System.out.println("第5遍：我能行");
14          //此处省略94条输出语句
15          System.out.println("第100遍：我能行");
16      }
17  }
```

图 2-12　输出 100 遍"我能行"

　　重复地做一件事(重复地说"我能行")就是循环！生活中存在很多循环结构，比如打印 100 份试卷、在 400 米跑道上进行万米赛跑、滚动的车轮等。在 C 语言中我们已经学过了 while、do-while 和 for 循环，语法如图 2-13 所示。循环不是无休止进行的，满足一定条件的时候循环才会继续，否则循环退出。比如打印 100 份试卷，循环条件就是打印份数不足 100 就继续打印，而循环操作就是打印 1 份试卷，总份数加 1。各种循环结构的语法如下：

语法

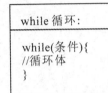
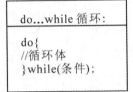
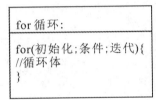

图 2-13　循环结构语法

执行顺序如下：

(1) while 循环：先进行条件判断，再执行循环体，如果条件不成立，则退出循环。

(2) do...while 循环：先执行循环体，再进行条件判断，循环体至少执行一次。

(3) for 循环：先执行初始化部分，再进行条件判断，然后执行循环体，接着进行迭代部分的计算，再进行条件判断，执行循环体或条件不满足退出循环。

　　在解决问题时，如果循环次数确定，通常选用 for 循环。如果条件明显或确定，选用 while 循环或 do...while 循环。

　　用各种循环结构实现 100 遍"我能行"，如图 2-14 所示。

```java
package ch02;

public class TestFor2 {
    /**
     * 张无忌要说100遍"我能行"
     */
    public static void main(String[] args) {
        int i = 1;
        //while实现
        while(i<=100)
        {
            System.out.println("第"+i+"遍：我能行");
            i++;
        }
    }
}
```

(a) 使用 while 循环实现

```
*TestFor2.java ✕
1  package ch02;
2
3  public class TestFor2 {
4⊖    /**
5      * 张无忌要说100遍"我能行"
6      */
7⊖    public static void main(String[] args) {
8         int i = 1;
9
10        //do while实现
11        do{
12            System.out.println("第"+i+"遍：我能行");
13            i++;
14        }while(i<=100);
15
16    }
17 }
```

(b) 使用 do...while 循环实现

```
TestFor2.java ✕
1  package ch02;
2
3  public class TestFor2 {
4⊖    /**
5      * 张无忌要说100遍"我能行"
6      */
7⊖    public static void main(String[] args) {
8
9         //for实现
10        for(int i=1;i<=100;i++)
11        {
12            System.out.println("第"+i+"遍：我能行");
13        }
14    }
15 }
```

(c) 使用 for 循环实现

图 2-14　使用各种循环实现 100 遍"我能行"

2. 跳转语句

通过对循环结构的学习，我们已经知道在执行循环时要进行条件判断，只有在条件为"假"时，才能结束循环。但是，有的时候我们想要根据需要停止整个循环或跳到下一次循环，有时需要从程序的一部分跳到程序的其他部分，这些都可以由跳转语句来完成。Java支持 3 种形式的跳转：break(停止)、continue(继续)和 return(返回)。

1) break 语句的使用

有一天，张无忌参加 10 000 米长跑比赛，在 400 米的跑道上，发令枪响起，他狂奔出去，在这个 400 米的跑道上循环跑着。他应该循环跑 25 圈。在跑步过程中，他默默地问自己"我还能坚持跑下一圈吗？"如果"是"，就继续跑；如果"否"，坚持不了就只好退出了。在跑到第 12 圈的时候，他无法忍耐了，退出了比赛，真遗憾啊！他没能跑完 25 圈，在中间终止了这一循环过程。在这种情况下就可以用 break 来描述，如图 2-15 所示。

```
for(int i=0;i<25;i++){
    跑400米;
    if(不能坚持)
        break; //退出比赛
}
```

图 2-15　break 的功效

例 7　循环输入一个整数，如果该整数>100，则停止输入，并提示输入结束，如图 2-16 所示。

```
package ch02;

import java.util.Scanner;

public class TestBreak {
    /**
     * 循环输入一个整数，如果该整数>100，则停止输入，并提示输入结束
     */
    public static void main(String[] args) {

        //定义一个Scanner对象cin
        Scanner cin = new Scanner(System.in);

        while(true)
        {
            System.out.print("请输入一个整数：");
            int zs = cin.nextInt();
            if(zs>100)
            {

                System.out.println("输入结束！");
                break;

            }
            System.out.println("你输入的是："+zs);
        }
    }
}
```

2-7　跳转语句

图 2-16　break 的示例

总结：break 语句用于终止某个循环，使程序跳到循环外的下一条语句。在循环中位于 break 后的语句将不再执行。

2) continue 语句

张无忌在上次的比赛中中途退赛，觉得很丢人，这一次他下定决心，一定要跑完全程。赵敏想了个办法，就是中途让他补水！每跑一圈，如果口渴，张无忌就从旁边为他加油的赵敏手中接过水壶，喝上几口，然后继续跑。就这样，他终于坚持跑完全程，还拿了第三名！

如何用程序描述这一过程呢？这时 continue 语句就有用武之地了，如图 2-17 所示。

```
for(int i= 0; i<25;i++)
{
    跑400米;
    if(口不渴)
        continue;//不喝水,继续跑
    接过水壶,喝水;
}
```

图 2-17　continue 功效

例 8　求 1～10 之间的所有偶数和,如图 2-18 所示。

```
package ch02;

public class TestContinue {

    /**
     * 求1-10之间的所有偶数和
     */
    public static void main(String[] args) {

        int sum=0; //定义一个变量,进行累加
        for(int i= 1; i<=10;i++)
        {
            if(i%2 == 1)
                continue; //如果i为奇数,结束本次循环,进行下一次循环
            sum = sum+i;
        }
        System.out.println("1—10之间的偶数和是: "+sum);
    }

}
```

图 2-18　continue 示例

总结:continue 语句只能用于循环结构中,执行完毕后,判断循环条件,如果为 true,则继续下一次循环,否则终止循环。

3. 程序调试

有的时候,程序没有语法错误,但是运行结果却和预期的大不相同。那到底是哪里出了问题呢?为了找出程序中的问题所在,我们希望程序在需要的地方暂停下来,以便查看运行到这里的时候变量的值是什么。我们还希望逐步运行程序,跟踪程序的运行流程,看看哪条语句被执行了,哪条语句没有被执行。

满足暂停程序、观察变量和逐条语句运行程序等这些需要的工具和方法总称为程序调试。

我们可以使用 MyEclipse 提供的调试功能来跟踪 for 循环语句的执行流程。例如,我们希望打印 5 遍"我能行",但运行如图 2-19 所示的代码后,只打印了 4 次,到底哪里出错了呢?

```
TestFor3.java ×
1  package ch02;
2
3  public class TestFor3 {
4     /**
5      * 希望打印5遍我能行，实际结果只打印了4遍
6      */
7     public static void main(String[] args) {
8
9         //for实现
10        int i=1;
11        for(;i<5;)
12        {
13            System.out.println("我能行!");
14            i++;
15        }
16    }
17 }
```

图 2-19　只打印了 4 次

解决程序错误的一般思路和步骤如下：

(1) 分析出错位置，设置断点(即程序运行到这里就暂停运行的那个点，一般是某行语句)。我们在第 11 行 for 语句处代码行左侧边栏处双击，就出现一个圆形的断点标记 ⊙，再次双击，断点就取消了。也可以右键单击代码行左侧，点击【切换断点】来设置或取消断点。

(2) 启动调试，单步执行。在工具栏上单击 ✿ ，启动调试(如果没有调试图标，可以通过【窗口】【显示视图】【调试】来打开调试图)。代码会自动在设置断点的地方停下来。这个时候我们可以在调试视图中单击 ⤸ 按钮来逐条语句运行程序(单步运行)，如图 2-20 所示。

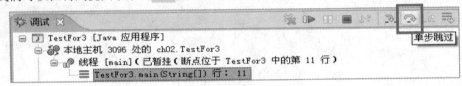

图 2-20　单步运行

代码运行到哪一行，左侧边栏就有一个蓝色的小箭头指示 ➡ ，同时该行代码的背景色变成淡绿色，如图 2-21 所示。

```
TestFor3.java ×
1  package ch02;
2
3  public class TestFor3 {
4     /**
5      * 希望打印5遍我能行，实际结果只打印了4遍
6      */
7     public static void main(String[] args) {
8
9         //for实现
10        int i=1;
11        for(;i<5;)
12        {
13            System.out.println("我能行!");
14            i++;
15        }
16    }
17 }
```

图 2-21　当前代码行

单步运行过程中，可以在变量视图(可通过【窗口】【显示视图】【变量】打开)中观察变量的值，如图 2-22 所示。变量的值发生改变时，变量和变量的值所在的行背景色变为黄色。

(x)= 变量　断点　表达式

名称	值
args	String[0]　(标识=11)
i	2

图 2-22　变量视图观察变量

单步运行后我们发现最后一遍循环时 i 的值为 4，之后 i 的值变为 5 就退出循环了。循环只运行了 4 次，所以只打印了 4 次。修改循环条件为“i<=5”或修改 i 的初始值为 0，则可以成功打印 5 遍！

任务 5　循环输入张无忌的成绩，计算其平均分

任务要求：从键盘输入张无忌如图 2-1 所示的各科成绩，计算其平均分，代码运行结果如图 2-23 所示。

任务实现：在 ch02 包下创建 Java 文件 AveScore.java，源代码如图 2-24 所示。

```
问题 Javadoc 声明 控制台
<已终止> AveScore [Java 应用程序] D:\Program Files\MyE
请输入成绩：65
请输入成绩：66
请输入成绩：93.5
请输入成绩：87
请输入成绩：84
请输入成绩：88.5
请输入成绩：66.9
张无忌的平均成绩是：78.7
```

图 2-23　运行结果

```java
package ch02;
import java.util.Scanner;

public class AveScore {
    /**
     * 目的：从键盘输入张无忌的各科成绩，并计算平均分
     * 大学语文65     大学英语66    Java程序设计93.5
     * 模拟电子技术87思想道德修养与法律基础84
     * 大学计算机基础88.5高等数学66.9
     */
    public static void main(String[] args) {
        double score;        //存放成绩
        double sum = 0;       //用来存放总成绩
        Scanner sc = new Scanner(System.in);

        for(int i=0;i<7;i++)
        {
            System.out.print("请输入成绩：");
            score = sc.nextDouble();
            sum = sum + score;
        }
        System.out.println("张无忌的平均成绩是："+sum/7);
        //System.out.printf("张无忌的平均成绩是："+"%.2f", sum/7);//平均成绩保留2位小数输出

    }
}
```

图 2-24　源代码

实 战 练 习

1. 商场为员工提供了基本工资(3000 元)、物价津贴及房租津贴。其中，物价津贴为基本工资的 40%，房租津贴为基本工资的 25%。编写程序计算实领工资，输出结果如图 2-25 所示。源文件(Exe1.java)存储在 ch02 包中。

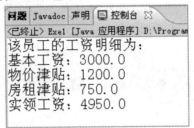

图 2-25　练习 1　计算员工工资

2. 中国古代著名算题"今有物不知其数，三三数之剩二；五五数之剩三；七七数之剩二。问物几何?"也就是说，有一个未知数(100 以内)，这个数除以三余二，除以五余三，除以七余二，问这个数是多少。源文件名为 Exe2.java。

3. 求平均数：用户循环输入任意个非 0 的数，输入 0 退出循环，系统计算并显示这些数的平均值，如图 2-26 所示。源文件名为 Exe3.java。

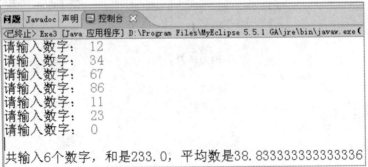

图 2-26　练习 3　求平均数

4. 幸运猜猜猜：游戏随机给出一个 0～99(包括 0 和 99)的数字，然后让你猜是什么数字。你可以随便猜一个数字，游戏会提示太大或者太小，从而缩小结果范围。经过几次猜测与提示后，最终推出答案。在游戏过程中，记录你最终猜对时所需的次数，游戏结束后公布结果，见表 2-7 所示。猜测次数最多为 20 次。运行结果如图 2-27 所示。源文件名为 Exe4.java。

表 2-7　猜测次数对应的评语

次数	结　　果
1	你太有才了！
2～6	这么快就猜出来了，很聪明么！
>7	猜了半天，小同志，尚需努力啊！

```
问题 Javadoc 声明 控制台 ×
<已终止> Exe3 [Java 应用程序] D:\Program Files\MyEclipse 5.5.1 GA\jre\bin\ja
我心里有一个0到99之间的整数，你猜是什么？
45
大了点，再猜！
32
大了点，再猜！
12
小了点，再试试！
25
小了点，再试试！
29
小了点，再试试！
31
猜对了！
这么快就猜出来了，很聪明么！
```

图 2-27　幸运猜猜猜

提示：产生 0～99 之间随机数字的语句为"int num = (int)(Math.random()*100);"。

2-8　实战练习 1 参考答案

2-9　实战练习 2 参考答案

2-10　实战练习 3 参考答案

2-11　实战练习 4 参考答案

项目 3 双色球彩票的投注

工作任务

➢ 实现福利彩票"双色球"的投注。

能力目标

➢ 掌握数组的基本用法。
➢ 会使用数组解决简单问题，比如求平均值、求最大值和最小值、排序等。

项 目 综 述

张无忌对福利彩票很感兴趣，经常研究双色球的投注。双色球投注区分为红色球号码区和蓝色球号码区，红色球号码区由 1～33 共 33 个号码组成，蓝色球号码区由 1～16 共 16 个号码组成。投注时选择 6 个红色球号码和 1 个蓝色球号码组成一注进行单式投注，如图 3-1 所示。他想用编程来实现随机生成这 7 个号码，该怎么做呢？大家一起来帮助他吧。

期号	开奖日期	中奖号码		
		红球		蓝球
2018038	2018-04-05(四)	15 23 24 25 28 29		09
2018037	2018-04-03(二)	01 06 07 08 27 30		10
2018036	2018-04-01(日)	08 17 24 26 28 33		04
2018035	2018-03-29(四)	07 10 11 17 23 28		15
2018034	2018-03-27(二)	01 05 11 22 23 26		15
2018033	2018-03-25(日)	04 19 20 22 28 33		06

图 3-1 双色球号码

知 识 要 点

1. 如何使用数组

　　程序设计时经常需要存放大量数据，比如存放某个班的学生的姓名、学号、Java 成绩，对 50 个数进行从小到大的排序等。这些数据也是有类型的，比如整型、字符型、浮点型、字符串类型等。对于同一类型的一组数据是否可以按照如图 3-2 所示的方式来存储呢？

3-1　数组的使用

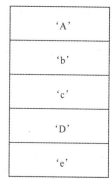

int 类型	String 类型	char 类型
79	"苹果"	'A'
12	"三星"	'b'
88	"华为"	'c'
43	"小米"	'D'
56	"诺基亚"	'e'

图 3-2　Java 中存储一组数据

　　在图 3-2 中，一组 int 类型的数据展示了一列学生成绩，一组 String 类型的数据展示了手机品牌，一组 char 类型的数据展示了字母表。它们具有相同的类型，并且很多时候对它们的处理方式也一致，比如求全班成绩的平均分。

　　数组是一个变量，用于将相同数据类型的数据存储在存储单元中。数组的所有元素必须属于相同的数据类型。

　　那么，什么是数组名称、数组元素、数组下标和数组类型呢？

　　如有一个长度是 5 的 int 型(整型)数组 score，则数组名称是 score，数组元素分别是 score[0]、score[1]、score[2]、score[3]、score[4]，数组下标分别是 0、1、2、3、4(Java 规定数组下标从 0 开始)，数组类型是 int 整型。

　　数组使用分为以下四个步骤：

　　1) 声明数组

　　首先要进行声明，然后才能使用。在 Java 中，声明一维数组的语法如下：

　　语法　　数据类型 数组名[ ]；　或　数据类型[ ] 数组名；

　　以上两种格式都可以声明一个数组，其中类型既可以是基本数据类型，也可以是引用数据类型。数组名可以是任意合法的变量名。

　　例如：int score[ ]；　　　double[ ] height；

　注意　声明数组时不需要规定数组的长度！

2) 分配空间

声明了数组，只是得到了一个存放数组的变量，并没有为数组元素分配内存空间，所以还不能使用。分配空间就是告诉计算机在内存中为数组名分配几个连续的空间来存储数据。Java 中使用 new 关键字来给数组分配空间，语法如下：

语法　　数组名 = new 数据类型[数组长度];

其中，数组长度就是数组中能存放的元素个数，显然应该为大于 0 的整数。

例如：score = new int[30];　height = new double[12];

第 1 步和第 2 步也可以合并为一步，即声明的时候同时分配空间，语法如下：

语法　　数据类型 数组名[ ] = new 数据类型[数组长度];

例如：int score = new int[30];　double height = new double[12];

一旦声明数组的大小，就不能再修改。这里的数组长度也是必须的，不能少。尽管数组可以存储一组基本数据类型的元素，但是数组整体属于引用数据类型。当声明一个数组变量时，其实是创建了一个类型为数组类型[]的数组对象，它具有方法和属性，如图 3-3 所示。

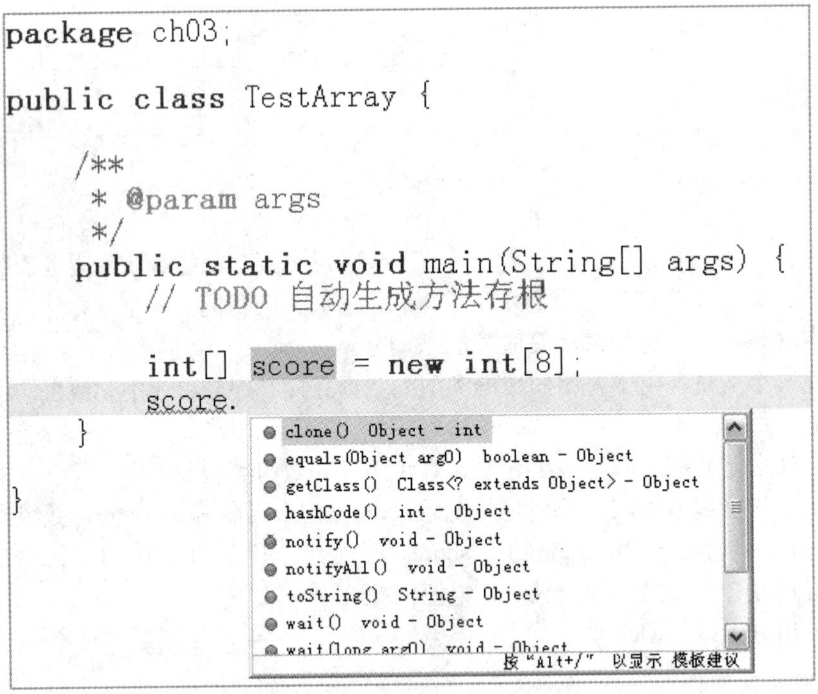

```
package ch03;

public class TestArray {

    /**
     * @param args
     */
    public static void main(String[] args) {
        // TODO 自动生成方法存根

        int[] score = new int[8];
        score.
    }
}
```

| clone() Object - int |
| equals(Object arg0) boolean - Object |
| getClass() Class<? extends Object> - Object |
| hashCode() int - Object |
| notify() void - Object |
| notifyAll() void - Object |
| toString() String - Object |
| wait() void - Object |
| wait(long arg0) void - Object |

按 "Alt+/" 以显示 模板建议

图 3-3　数组对象的方法和属性

3) 赋值

有了空间，就可以向数组的格子里存放数据了。那么如何来访问数组中的元素呢？数组元素是通过下标来访问的，语法如下：

语法　　数组名[下标值];

例如：score[0] = 89;　score[1] = 60;　score[2]=70;　……

这样赋值写起来非常麻烦，观察代码每次都是在使用同一个数组名，只是下标在变化，我们可以考虑用循环来给数组赋值，如图 3-4 所示。

```
Scanner cin = new Scanner(System.in);
int[] score = new int[30];
for(int i=0;i<30;i++){
    score[i] = cin.nextInt();  //从控制台接收键盘输入进行循环赋值
```

图 3-4　键盘循环输入数据

有的时候，第 1、2、3 步可以合起来，直接创建数组并赋初值，语法如下：

语法　　数据类型　数组名[ ] = {值 1，值 2，值 3，……，值 n}；

例如：int[ ] score={60,70,80,90,100};// 创建一个长度为 5 的数组 score

4）对数据进行处理

万事俱备，只欠编程了！现在使用数组来完成求张无忌的平均成绩的任务，如图 3-5 所示。

```
public static void main(String[] args) {
    double score[]={65,66,93.5,87,84,88.5,66.9};  //存放成绩
    double sum = 0;          //用来存放总成绩
    double avg;              //用来存放平均成绩

    for(int i=0;i<score.length;i++)
    {
        sum = sum + score[i];
    }
    avg = sum/score.length;
    System.out.println("张无忌的平均成绩是："+avg);  //在控制台上输出

}
```

图 3-5　数组存放成绩求平均成绩

在这里使用了数组的 length 属性，以便于在程序中动态获取数组的长度，语法如下：

语法　　数组名.length；

我们知道，"一根筷子容易折，一把筷子难折断"。集体的力量远大于个人的力量，集体力量是无穷的，通过凝结个体的力量，形成合力，从而由量的积累实现质的飞跃。在程序设计中数组就是同类型变量的集体，其拥有单个变量所不具备的强大功能。

2. 数组应用

对数组的一些基本操作，像排序、搜索与比较是很常见的。Java 中提供的 Arrays 类可以协助我们完成这些操作。Arrays 提供了许多常用的方法来操作数组，例如排序、查询等。排序(sort())是指对指定的数组进行升序排列，查询(binarySearch())是对已经排序的数组进行二元搜索，如果找到指定的值就返回该值所在的位置(数组下标)。

例如：输入班级 5 位同学的 Java 成绩，然后进行升序排列，并输出排序后的结果，源代码如图 3-6 所示。

```
1  package ch03;
2
3  import java.util.Arrays;
4  import java.util.Scanner;
5
6  public class TestArray {
7
8      /**
9       * @升序排列学生成绩
10      */
11     public static void main(String[] args) {
12         // TODO 自动生成方法存根
13
14         //定义一个Scanner对象cin
15         Scanner cin = new Scanner(System.in);
16         int[] score = new int[5];
17         for(int i=0;i<score.length;i++){
18             System.out.print("请输入学生成绩：");
19             score[i] = cin.nextInt(); //从控制台接收键盘输入进行循环赋值
20         }
21         Arrays.sort(score); //对数组进行升序排列
22
23         System.out.println("排序后的成绩：");
24         for(int i=0;i<score.length;i++){
25             System.out.print(score[i]+"    ");
26         }
27     }
28 }
```

图 3-6　升序排列数组

Arrays 的使用方法：第一步，导入 java.util.Arrays 包；第二步，调用 Arrays.sort(数组名)。

任务6　实现双色球彩票投注

任务要求：随机生成 6 个红色球号码和 1 个蓝色球号码组成一注双色球彩票号码。双色球投注区分为红色球号码区和蓝色球号码区，红色球号码区由 1～33 共 33 个号码组成，蓝色球号码区由 1～16 共 16 个号码组成(号码不重复)。运行后如图 3-7 所示。

生成的彩票是：
08　11　12　14　24　30　15

图 3-7　随机生成双色球彩票号码

任务分析：① 定义长度为 6 的数组来存放红色球号码；② 使用 Random 类的 nextInt(int)方法来生成随机数；③ 确保生成的红色球号码不重复；④ 红色球号码需要升序排列；⑤ 打印输出时，用 System.out.printf()方法来控制输出格式。

任务实现：在 ch03 包下创建 Java 文件 TestLottery.java，源代码如图 3-8 所示。

```java
package ch03;

import java.util.Arrays;
import java.util.Random;

public class TestLottery {

    /**
     * @实现双色球彩票投注
     */
    public static void main(String[] args) {

        int blueBall = 0;   //保存蓝球
        int[] redBall = new int[6];   //保存6红球

        Random random = new Random();

        blueBall = random.nextInt(16)+1; //随机生成蓝球号码

        //以下代码随机生成六个红球号码
        int num = 0;
        int index = 0;
        boolean con = false;
        while (index < redBall.length) {
            num = random.nextInt(33)+1;
            if ( num != blueBall) {
                con = isInNum(redBall, num);
                if (con) {
                    redBall[index] = num;
                    index++;
                }
            }
        }
        Arrays.sort(redBall);    //升序排列红球号码数组

        //打印输出各个号码
        System.out.println("生成的彩票是：");
        for(int i=0;i<redBall.length;i++)
        {
            System.out.printf("%02d",redBall[i]); //红球号码,2位宽度输出,不够左边补0
            System.out.print("   ");
        }
        System.out.printf("%02d",blueBall);
    }

    /**
     * 判断指定的数组array里是否包含指定的数字num
     * 如果包含，则返回false
     */
    public static boolean isInNum(int[] array, int num) {
        for (int i=0;i<array.length;i++) {
            if (num == array[i])
                return false;
        }
        return true;
    }
}
```

图 3-8　生成双色球彩票号码的源代码

实 战 练 习

1. 某班举行男篮候选人的选拔赛，第一关就是比身高，如何选出身高前 5 名呢？编程实现：录入班级学生的身高，输出前 5 名的身高数。运行效果如图 3-9 所示。源文件(Exe1.java)存储在 ch03 包中。

```
问题 Javadoc 声明 □ 控制台 ✕
<已终止> Exe1 (1) [Java 应用程序] D:\Program Files\MyEclipse 5.5.1 GA\jre\bin\jav
请输入班级所有男生的身高：
176.5 178  169 177  180 181  183 172.5 165 174
位居前五名的身高数是：
183.0   181.0   180.0   178.0   177.0
```

图 3-9　实战练习 1 效果图

2. 某班级有 10 个女生，女生姓名存储在数组中，现在在数组中查找此班级是否有用户输入的女生姓名，如果找到了，输出"该女生在此班"，否则输出"没有找到"。运行效果如图 3-10 所示。源文件(Exe2.java)存储在 ch03 包中。

```
问题 Javadoc 声明 □ 控制台 ✕
<已终止> Exe2 (1) [Java 应用程序] D:\Program Files\MyEclipse 5.5.1 GA\jre\bin\javaw.exe(2015-6
请录入学员姓名：
林依晨 徐静蕾 黄奕 董洁 巩俐 高圆圆 于娜 孟广美 陶虹 谢娜
请输入要查找的女生姓名：　董洁
该女生在此班！
```

图 3-10 实战练习 2 效果图

3-2　实战练习 1 参考答案　　　　3-3　实战练习 2 参考答案

项目 4　面向对象描述汽车

工作任务

- ➢ 以 OO 方式实现：
- • "汽车"类，输出汽车的相关信息；
- • 继承"汽车"类，实现小汽车类。

能力目标

- ➢ 掌握类的定义、对象的创建。
- ➢ 理解类的封装。
- ➢ 掌握类的继承和多态。
- ➢ 掌握接口的实现。
- ➢ 了解包的使用。
- ➢ 建立面向对象思想的编程思维。

项 目 综 述

　　张无忌觉得有点小郁闷：学了这么久的 Java 语言，怎么感觉跟以前学的 C 语言差不多。听说 Java 是面向对象的编程语言，到底什么是面向对象呢？老师给他布置了一个任务，用 Java 语言来描述汽车，说明汽车轮胎的个数、汽车颜色、车牌号等，还要表达出加速、减速、停车等动作。张无忌觉得一头雾水，还是先来学习吧。

知 识 要 点 一

　　在程序开发初期，人们使用的是结构化开发语言，但是随着时间的推移，软件的规模越来越庞大，结构化语言的弊端也逐渐暴露出来，开发周期被无休止地拖延，产品的质量也不尽如人意，人们终于发现结构化语言已经不再适合当前的软件开发。这时人们引入了另一种开发思想，即面向对象的开发思想。面向对象思想是人类最自然的一种思考方式，它将所有预处理的问题抽象为对象，同时了解这些对象具有哪些相应的属性以及展示这些对象的行为，以解决这些对象面临的一些实际问题。面向对象设计实质上就是对现实世界的对象进行建模操作。

1. 现实生活中的对象和类

1) 对象

4-1　面向对象思想

有人问你"世界是由什么组成的呢？"如果你是一个化学家，你可能会说，"世界当然是由分子、原子、离子等这些化学物质组成的"；如果你是一个画家，你可能会说，"世界是由不同的颜色组成的"；也可能有人说，这个世界是由动物、植物、物品等组成的，动物又分为单细胞动物、多细胞动物、哺乳动物等，哺乳动物又分为人、大象、老虎等。现实世界中，我们看到的每一个东西都可以称为一个对象。在 Java 的世界中，"万物皆对象"。

你所看到的，一台显示器、一个键盘、一本书、一个人等，现实世界中切实的、可触及的实体都可归为对象。对象无处不在。我们以商场里的两个对象为例，看看我们身边的对象，如图 4-1 所示。

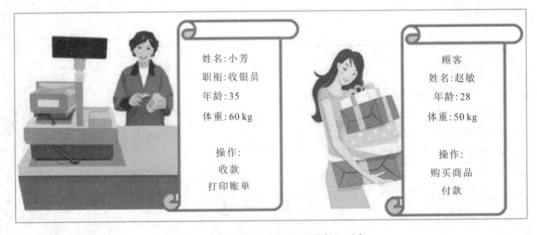

图 4-1 "收银员"对象和"顾客"对象

图 4-1 显示了两个对象，收银员小芳和顾客赵敏。通常，每一个对象都有两个部分，即动态部分与静态部分。静态部分，就是不经常改变的部分，称为"属性"。任何对象都会具备其自身属性，例如，收银员的部分属性是"姓名：小芳，年龄：35，体重：60 kg"，顾客的部分属性是"姓名：赵敏，年龄：28，体重：50 kg"。

一个对象也要执行一定的动作，也就是对象具备的"行为"(动态部分)，小芳执行的主要动作是收款、打印账单，赵敏执行的主要动作是购物、付款。

对象正是有了这些属性和行为才在这个世界上变得与众不同。因此，构成对象的两个最重要的因素就是属性和行为。每一个现实世界中的实体都具有不同的属性和行为，比如，小芳和赵敏的姓名、体重、身高不同，张三的奔驰轿车和李四的宝马轿车品牌不同、颜色不同、性能不同。

在软件技术领域，我们尽可能用软件对象来模拟现实世界的实体。因此，软件对象都具有属性和行为。想一想刚才描述的对象"小芳"，她的属性就是"姓名""年龄""体重"，

她的行为是"收款""打印账单"。再看一个真实的对象"楼底下停的那辆车牌号为浙 A*****
的红色沃尔沃轿车"，它的属性就是"品牌""颜色""排气量""型号"等，它的行为就是
"启动""加速""加油""停车"等。

在 Java 中，对象的属性被分别存储在一些变量里，而对象的行为是通过定义方法来实
施的。方法的作用就是要完成一项特殊的工作，比如说"收款"或"打印账单"等，这些
都是对象的方法。

2) 类

我们在前面提到了顾客"赵敏"，在现实世界中，有很多顾客，如张三、李四、王五
等。因此"赵敏"仅仅是顾客这类人群中的一个实例。观察图 4-2 所示的各种对象，看它
们有什么共同的特征？

图 4-2　各种车

仔细一想，你会发现，它们都具有某些相同的属性和行为，所以它们被归为"汽车类"。
汽车类有共同的属性(如排气量、挡位数、颜色、轮胎数等)和方法(如行驶、停车、刹车、
转弯等)。

另外，植物类有共同的属性(如名称、类别、形状等)和方法(开花、结果、落叶等)，动
物类也有共同的属性(如名称、类别、体重、年龄等)和方法(出生、死亡、捕食等)。

我们将它们共同的特征抽象出来，这些共同的属性和行为被组织在一个单元中，就称
为类。所以说，类是具有共同属性和共同行为的一组对象的集合。

理解了对象和类，就会发现，类和对象之间有本质的区别，如表 4-1 所示。

(1) 类是描述实体的"模板"或"原型"，它定义了属于这个类的对象所应该具有的属
性和行为，通常是抽象的、笼统的、不具体的。

(2) 对象是具体的，是类的实例，是真实存在的，是摸得着、看得到的。

表 4-1　类和对象的示例

类	对　　象
人	赵敏
	张无忌
汽车	车牌号是浙 A*****的黑色沃尔沃
	车牌号是浙 A*****的白色奥迪
动物	干洗店养的叫"飞飞"的小白兔
	我家楼上养的小狗"球球"

到目前为止，我们学习了不少数据类型，如 int、double、char、boolean 等。这些都是 Java 语言已经给我们定义好的类型，我们可以直接使用。但是如果我们想要描述顾客"赵敏"，她的数据类型又是什么呢？是 int、double 还是 char？都不是。"赵敏"的类型就是"顾客"。所以说类就是对象的类型。定义类就是定义了一个自己的数据类型，例如"顾客"类、"人"类、"动物"类，类这个类型和 int 类型的不同之处在于，类型具有方法。"顾客"类型的方法是"购物""付款"，"人"类型的方法是"衣""食""住""行"，"动物"类型的方法是"吃""叫""跑"。

　　　类和对象是抽象与具体的关系，是对立统一的辩证关系，它们相互区别又紧密联系。在新时代新形势下，面对新情况新问题新矛盾，不断增强辩证思维能力，意义重大。

2. 类的定义

了解了类、对象、类的属性和方法等有关知识，那么在 Java 中如何来描述它们呢？Java 类模板如图 4-3 所示。在 Java 中要创建一个类，需要使用一个关键字 class、一个类名和一个表示程序体的大括号。其中，class 是创建类的关键字。在 class 的前面有一个 public，表示"公有"。在 class 关键字后面要给定义的类命名，并且不要忘记写一对大括号，类的主体部分写在{ }中。

4-2　定义

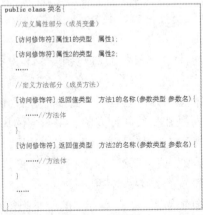

图 4-3　类模板

在类中的数据和方法统称为类成员。其中，类的属性就是类的数据成员。我们通过在类的主体中定义变量来描述类所具有的特征(属性)，在这里声明的变量称为类的成员变量。而类的方法描述了类所具有的行为，是类的成员方法。

例 1 编写学生类，输出学生相关信息，如表 4-2 所示。代码如图 4-4 所示。

表 4-2 学生类的属性和方法

学生类	属性：姓名、学号、年龄、兴趣
	方法：显示个人信息

```java
package ch04;

// 学生类
//属性：姓名、学号、年龄、兴趣
//方法：显示个人信息
public class Student {

    private String name;        //定义String类型的变量name表示姓名
    private String num;         //定义String类型的变量num表示学号
    private int    age;         //定义int类型的变量age表示年龄
    private String hobby;       //定义String类型的变量hobby表示兴趣

    //带参数的构造方法
    public Student(String name, String num, int age, String hobby){
        this.name = name;
        this.num = num;
        this.age = age;
        this.hobby = hobby;
    }

    //显示个人信息
    public String toString(){
        return("姓名："+name+"\n学号："+num+"\n年龄："+age+"\n兴趣："+hobby);
    }

    //在主方法里，实例化对象，进行测试
    public static void main(String[] args) {
        Student zwj = new Student("张无忌", "1410050108", 21, "买彩票，编程，唱歌");
        System.out.println(zwj.toString());
    }
}
```

图 4-4 学生类

1) 成员变量

在刚才的 Student 类里，定义了四个成员变量，即 name、num、age、hobby，分别对应属性姓名、学号、年龄、兴趣。成员变量的类型可以设置为 Java 语言中合法的任何数据类型，其实成员变量就是普通的变量，可以为它设置初始值，也可以不设置。我们应该注意到在四个成员变量前面的 private 关键字，它用来定义一个私有成员，这意味着除了 Student 类本身，其他所有类都不可以访问这些属性。

2) 访问修饰符

在 Java 中，访问修饰符可以确定如何访问某个成员，Java 提供下列访问修饰符：

(1) public(公有)：public 修饰的成员可以被该类的成员和其他任意类的成员访问。

(2) private(私有)：private 修饰的成员只能被该类的成员访问，可以隐藏成员数据。

(3) protected(保护)：protected 修饰的成员可以被该类的成员及其子类的成员访问。

(4) friendly(友好)：默认情况下，类成员前面什么修饰符也不写，就是 friendly，只有该类的成员和在同一个包中的类可以访问。

3) 成员方法

在 Java 语言中使用的成员方法对应于类对象的行为。以 Student 类为例，它包含了成员方法 toString ( )， toString()返回各个成员变量信息。定义成员方法的语法格式如下：

语法　　访问修饰符　返回值类型　方法名(参数类型　参数名){

　　　　　//方法体

　　　　　return　返回值;　//如果返回值类型不为 void

　　　　　}

一个成员方法可以有参数，这个参数可以是对象也可以是基本数据类型的变量，同时成员方法可以有返回值，也可以没有返回值，如果方法需要返回值可以在方法体中使用 return 关键字，没有返回值时返回值类型使用 void 关键字表示。

4) 类的构造方法

在 Student 类中，除了成员方法 toString( )之外，还有一种特殊类型的方法，即 Student( )，那就是构造方法，如图 4-5 所示。请大家仔细观察，这个构造方法和类名与成员方法有什么区别？

```java
public Student(String name, String num, int age, String hobby){
    this.name = name;
    this.num = num;
    this.age = age;
    this.hobby = hobby;
}
```

图 4-5　构造方法

构造方法必须满足以下语法规则：

(1) 方法名与本类类名相同。

(2) 没有返回类型(注意：不是 void 类型)。

构造方法的作用：负责对象成员变量的初始化工作，为实例变量赋予合适的初始值。即：为成员变量赋值。这样当实例化一个本类的对象时，相应的成员变量也将被初始化。

在 Student 类里的 Student()构造方法是一个带参数的构造方法，用于给四个成员变量赋初值。在上述代码中可以看到，成员变量与构造方法的形式参数的名称相同，都为 name、num、age、hobby，那么如何在类中区分使用的是哪一个变量？在 Java 语言中规定使用 this 关键字来指定。this 关键字被隐式地用于引用对象的成员变量和方法，如 this.name 指定的就是 Student 类中的 name 成员变量，而 this.name=name 语句中的第二个 name 则指定的是形参 name，这条语句就是将形参 name 的值赋给成员变量 name。

this 可以调用成员变量和成员方法。事实上，this 引用就是对一个对象的引用。

注意　如果在定义类时，不写构造方法，那么编译器会在该类中自动创建一个不带参数的构造方法；如果在类中定义的构造方法都是带参的构造方法，当试图调用无参构造方法实例化一个对象时，编译器会报错。

5) 类的主方法

主方法是类的入口点，就像房子的大门，它定义了程序从何处开始。主方法提供对程序流向的控制，Java 编译器通过主方法来执行程序。主方法的语法格式如下：

语法　public static void main(String[] args) {
　　　　　　//方法体
　　　　}

注意　主方法是静态的。要直接在主方法中调用其他方法，则该方法也必须是静态的。

3. 对象的创建

一个 Student 类创建好了，下面就可以根据定义好的类模板创建对象了。由类生成对象，称为类的实例化过程。一个实例也就是一个对象，一个类可以生成多个对象。创建对象的语法如下：

4-3　创建对象

语法　类名 对象名 = new 类名(实参);
在创建类的对象时，需要使用 Java 的关键字 new。例如：
Student zwj = new Student("张无忌", "1410050108", 21, "买彩票，编程，唱歌");
这里四个实参对应的形参如表 4-3 所示。

表 4-3　构造方法的参数

类　型	实　参	形　参
String	"张无忌"	name
String	"1410050108"	num
int	21	age
String	"买彩票，编程，唱歌"	hobby

由此可见，使用 new 关键字实例化对象的过程实际上就是调用构造方法的过程，我们已经显式地为实例变量赋初始值，完成了对象的初始化工作。有了 zwj 这个对象后，可调用它的方法，使用点操作符"."来访问，语法如下：

语法　对象名.属性

对象名.方法( )

具体的创建对象示例代码如图 4-6 所示，运行结果如图 4-7 所示。需要注意的是，我们在 main()方法里创建和使用了 zwj 对象。

```
//在主方法里，实例化对象，进行测试
public static void main(String[] args) {
    Student zwj = new Student("张无忌", "1410050108", 21, "买彩票，编程，唱歌");
    System.out.println(zwj.toString());
}
```

图 4-6　创建对象及使用对象

```
姓名:张无忌
学号:1410050108
年龄:21
兴趣:买彩票,编程,唱歌
```

图 4-7　运行结果

任务7　用 Java 语言描述"汽车"

任务要求：用 Java 语言描述"汽车"，在控制台打印其相关信息。运行结果如图 4-8 所示。

```
■ 控制台 ⊠
<已终止> AutoMobile (1) [Java 应用程序] C:\Program Files
汽车 [颜色:白色，  牌照:浙A88888，轮胎个数:4，  速度:0]
汽车在加速，当前速度:5
汽车在加速，当前速度:10
汽车在减速，当前速度:5
汽车在停车，当前速度:0
```

图 4-8　"汽车"类的运行效果

任务分析：所有的汽车都有轮胎、颜色、牌照、速度，都能加速、减速、停车。汽车实际上是一个类，我们先定义一个"汽车"类，再实例化"车牌号为浙 A88888 的白色沃尔沃 S60"这个对象。对应的"汽车"类的属性和方法如表 4-4 所示。

表 4-4　　"汽车"类的属性和方法

汽车	属性：轮胎数、颜色、牌照、速度
	方法：加速、减速、停车、显示汽车信息

任务实现：在 ch04 包下创建 Java 文件 AutoMobile.java，源代码如图 4-9 所示。

```
   AutoMobile.java
 1 package ch04;
 2 public class AutoMobile {
 3     private int number;                    //轮胎个数
 4     private String color;                  //汽车颜色
 5     private String license ;               //汽车牌照
 6     int speed;                             //速度（不定义为private，便于继承）
 7     //带参数的构造方法，给成员变量赋值
 8     public AutoMobile(int number,String color,String license){
 9         this.number = number;
10         this.color = color;
11         this.license = license;
12         this.speed=0;
13     }
14     //加速
15     public void speedUp() {
16         speed=speed+5;
17         System.out.println("汽车在加速，当前速度：" + speed);
18     }
19     //减速
20     public void speedDown() {
21         speed=speed-5;
22         System.out.println("汽车在减速，当前速度：" + speed);
23     }
24     //停车
25     public void stop() {
26         speed = 0;
27         System.out.println("汽车在停车，当前速度：" + speed);
28     }
29     //显示汽车相关信息
30     @Override
31     public String toString() {
32         return "汽车 [颜色：" + color + "，牌照：" + license
33                 + "，轮胎个数：" + number + "，速度：" + speed + "]";
34     }
35     //主函数
36     public static void main(String[] args) {
37         AutoMobile qiche = new AutoMobile(4,"白色","浙A88888");
38         System.out.println(qiche);
39         qiche.speedUp();
40         qiche.speedUp();
41         qiche.speedDown();
42         qiche.stop();
43     }
44 }
```

图 4-9　"汽车"类源代码

知 识 要 点 二

1. 封装

1）什么是封装

在图 4-4 Student 类中，张无忌的爱好是"买彩票，编程，唱歌"，年龄是 21 岁，这些信息不可能是一成不变的，那么如何来修改呢？可

4-4　封装的实现

以为成员变量 age、hobby 等写赋值(setter)方法和取值(getter)方法，如图 4-10 所示。

```java
package ch04;

// 学生类
//属性：姓名、学号、年龄、兴趣
//方法：显示个人信息
public class Student2 {
    private String name;        //定义String类型的变量name表示姓名
    private String num;         //定义String类型的变量num表示学号
    private int    age;         //定义int类型的变量age表示年龄
    private String hobby;       //定义String类型的变量hobby表示兴趣

    //带参数的构造方法
    public Student2(String name, String num, int age, String hobby) {
        this.name = name;
        this.num = num;
        this.age = age;
        this.hobby = hobby;
    }
    //显示个人信息
    public String toString() {
        return("姓名："+name+"\n学号："+num+"\n年龄："+age+"\n兴趣："+hobby);
    }
    public String getName() {
        return name;
    }
    public void setName(String name) {
        this.name = name;
    }
    public String getNum() {
        return num;
    }
    public void setNum(String num) {
        this.num = num;
    }
    //获取age信息，方法返回值是int
    public int getAge() {
        return age;
    }
    //设置age信息，带一个int类型的形参
    public void setAge(int age) {
        this.age = age;
    }
    public String getHobby() {
        return hobby;
    }
    public void setHobby(String hobby) {
        this.hobby = hobby;
    }

    //在主方法里，实例化对象，进行测试
    public static void main(String[] args) {
        Student2 zwj = new Student2("张无忌", "1410050108", 21, "买彩票，编程，唱歌");
        System.out.println(zwj.toString());
        zwj.setAge( 25);
        System.out.println("现在年龄是："+zwj.getAge());
        zwj.setHobby("编程，网购，健身……");
        System.out.println("有新的爱好了哦："+zwj.getHobby());
    }
}
```

图 4-10　学生类 2

　　每一个成员变量都写了一对赋值(setter)方法和取值(getter)方法，用于对这些属性的访问。赋值(setter)方法的方法名一般是"set 成员变量名"，返回类型是 void，带一个和成员变量同类型的形参，用以给成员变量赋值；取值(getter)方法的方法名一般是

"get 成员变量名",返回类型是和成员变量同类型,不带形参,方法体里直接 return 成员变量。

封装就是将属性私有化,提供公有的方法访问私有属性。优点是:隐藏了实现细节,提供公有的访问方式,同时提高了代码的复用性和安全性。

观察 main()方法里的测试,实例化 zwj 对象后,先用构造方法对成员变量赋值,打印输出相关信息,紧接着调用 setAge(int)方法,重新对年龄进行设置,然后调用 getAge()方法,将年龄再次输出。爱好也一样。运行结果如图 4-11 所示。

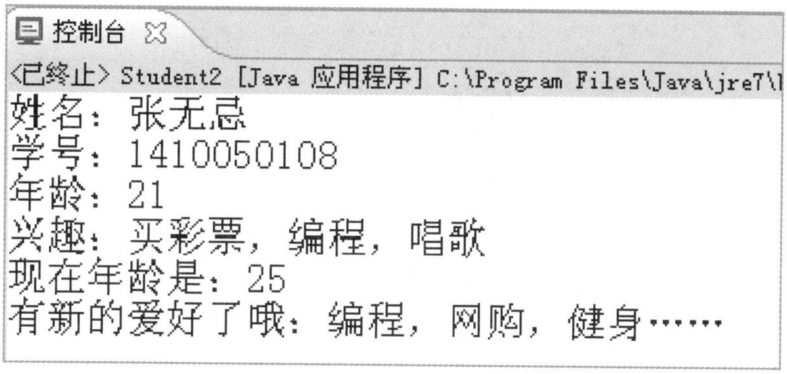

图 4-11　运行结果

可是张无忌在写代码的时候,不小心写错了,写成了如图 4-12 所示的 main 方法。运行结果如图 4-13 所示,张无忌变成 -25 岁了。在编程过程中,还有很多类似的情况,例如对成绩、身高、工龄等,都有一定的要求。那如何来控制各属性的值呢?

```java
//在主方法里,实例化对象,进行测试
public static void main(String[] args) {
    Student2 zwj = new Student2("张无忌", "1410050108", 21, "买彩票, 编程, 唱歌");
    System.out.println(zwj.toString());
    zwj.setAge(-25);
    System.out.println("现在年龄是:"+zwj.getAge());
    zwj.setHobby("编程, 网购, 健身……");
    System.out.println("有新的爱好了哦:"+zwj.getHobby());
}
```

图 4-12　年龄错误的 main 方法

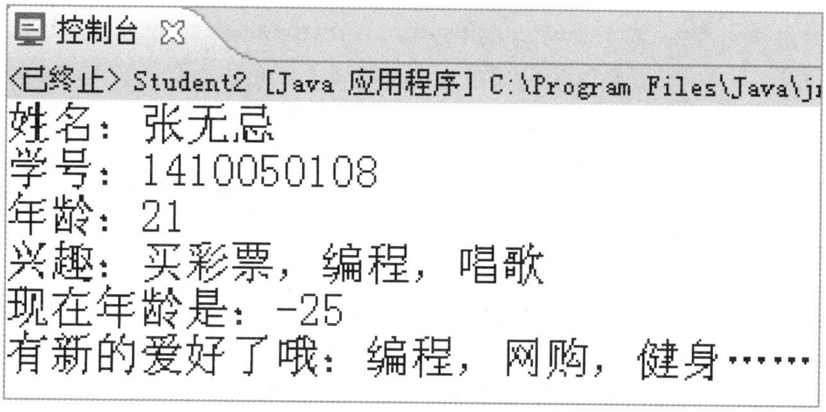

图 4-13　年龄错误

2) 如何实现访问控制

其实很简单，只需要在赋值(setter)方法中加入对属性访问限制的代码，就能够解决年龄错误的问题，如图 4-14 所示。main()方法不变，运行结果如图 4-15 所示。

```java
29    //设置age信息，带一个int类型的形参
30    public void setAge(int age) {
31        if(age<18)
32        {
33            System.out.println("不会吧，难道未成年？");
34            this.age = 18;   //赋予默认值18
35        }
36        else
37            this.age = age;
38    }
```

图 4-14　在 setAge(int)方法里加入访问限制

控制台 ✕
〈已终止〉Student3 [Java 应用程序] C:\Program Files\Java\jre7\bin
姓名：张无忌
年龄：21
课程：Java程序设计
兴趣：买彩票，编程，唱歌
不会吧，难道未成年？
现在年龄是：18
有新的爱好了哦：编程，网购，健身……

图 4-15　年龄设置错误时，给出提示

　　　Java 中的封装是隐藏类的实现细节，提供合适的接口，为使用者提供便利。正如人与人之间应该"严于律己，宽以待人"，多为对方考虑，可以更好地协作完成任务。

2．方法重载

在实际生活中，处处可见方法重载的身影。如图 4-16 所示，学生写作业，比如写数学作业、语文作业、英语作业，题目要求不同，具体实现各不相同。再如：一个司机既可以驾驶轿车，又可以驾驶巴士，也有可能驾驶火车。虽然驾驶的行为实现各不相同，但我们都称之为驾驶。

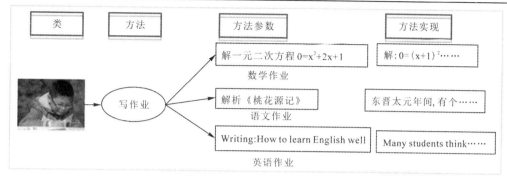

图 4-16　生活中的方法重载

在 Java 中，如果两个方法的方法名称相同，但参数项不相同(参数类型不同或参数个数不同)，那么认为一个方法是另一个方法的重载方法，而此过程称为方法重载(Overloading)。

实际上，我们已经多次用到了方法重载。ch02 中的代码 TestVar.java(如图 2-2 所示)，你一定非常熟悉，对不同类型的参数进行了打印输出。System.out 代表一个 java.io.PrintStream 对象，而 java.io.PrintStream 有多个 println 方法，该方法可以接收不同类型的数据作为参数，如图 4-17 所示，根据数据类型的不同，实现了数据的打印并换行。java.io.PrintStream 中的这些 println 方法就构成了方法重载。

4-5　方法重载

void	**println**()	通过写入行分隔符字符串终止当前行。
void	**println**(boolean x)	打印 boolean 值，然后终止该行。
void	**println**(char x)	打印字符，然后终止该行。
void	**println**(char[] x)	打印字符数组，然后终止该行。
void	**println**(double x)	打印 double，然后终止该行。
void	**println**(float x)	打印 float，然后终止该行。
void	**println**(int x)	打印整数，然后终止该行。
void	**println**(long x)	打印 long，然后终止该行。
void	**println**(Object x)	打印 Object，然后终止该行。
void	**println**(String x)	打印 String，然后终止该行。

图 4-17　println 方法重载

而构造方法重载是方法重载的一个典型特例。

例 2　定义一个日期类 sDate，属性包括月、日、年，并有对应的默认值。sDate 类有 4 个构造方法，但参数列表不同，这就是构造方法的重载，代码如图 4-18 所示。可以通过调用 sDate 类不同的构造方法来表达对象的多种初始化行为。例如，默认情况下，时间是 2022/1/1，构造方法 3 只初始化日，那么月和年就是默认值。运行结果如图 4-19 所示。

在通过 new 语句创建一个对象时，可以实现在不同的条件下，让不同的对象具有不同的初始化行为。

```java
1  package ch04;
2
3  public class sDate {
4      private int month = 1;
5      private int day = 1;
6      private int year = 2022;
7
8      //构造方法1：初始化年，月，日
9      public sDate(int month, int day, int year) {
10         this.month = month;
11         this.day = day;
12         this.year = year;
13     }
14     //构造方法2：初始化月，日
15     public sDate(int month,int day){
16         this.month = month;
17         this.day = day;
18     }
19     //构造方法3：初始化日
20     public sDate(int day){
21         this.day = day;
22     }
23     //构造方法4：采用默认值
24     public sDate(){
25     }
26
27     public String toString(){
28         return("日期是 " + this.year + "/" + this.month + "/" + this.day + ".");
29     }
30
31     public static void main(String args[]) {
32         sDate s1 = new sDate();            //调用构造方法4
33         System.out.println("s1: "+s1.toString());
34         sDate s2 = new sDate(7);           //调用构造方法3
35         System.out.println("s2: "+s2.toString());
36         sDate s3 = new sDate(11,11);       //调用构造方法2
37         System.out.println("s3: "+s3.toString());
38         sDate s4 = new sDate(2,2,2023); //调用构造方法1
39         System.out.println("s4: "+s4.toString());
40     }
41 }
```

图 4-18　构造方法重载

```
控制台 ✕
<已终止> sDate [Java 应用程序]
s1：日期是 2022/1/1.
s2：日期是 2022/1/7.
s3：日期是 2022/11/11.
s4：日期是 2023/2/2.
```

图 4-19　运行结果

任务8　重写"汽车"类

任务要求：在任务 7 的基础上重写汽车类 AutoMobile2。

(1) 属性：轮胎数、颜色、车牌、速度，要求轮胎数不能少于 3。

(2) 不带参数的构造方法：完成对象初始化，轮胎数为 4，颜色为黑色，车牌是"浙 A66666"。

(3) 带参数的构造方法：用来完成对象的初始化工作，并在构造方法中完成对轮胎和重量的最小值限制。

任务分析：在任务 7 AutoMobile.java 的基础上添加封装，实现最小值限制。

任务实现：在 ch04 包下复制 AutoMobile.java，粘贴成 AutoMobile2.java，并改写，完成源代码如图 4-20 所示。

```java
AutoMobile2.java
1  package ch04;
2
3  public class AutoMobile2 {
4      private int number;                        //轮胎个数
5      private String color;                      //汽车颜色
6      private String license ;                   //汽车牌照
7      int speed;                                 //速度（不定义为private,便于继承）
8      //不带参数的构造方法
9      public AutoMobile2(){
10         this.number = 4;
11         this.color = "黑色";
12         this.license = "浙A66666";
13     }
14     //带参数的构造方法，给成员变量赋值
15     public AutoMobile2(int number,String color,String license){
16         if(number>=3)
17             this.number = number;
18         else{
19             System.out.println("轮胎才"+number+"个，不是汽车，你搞错了吧");
20             this.number = 4;   //给默认值4
21         }
22
23         this.color = color;
24         this.license = license;
25         this.speed=0;
26     }
27     //加速
28     public void speedUp() {
29         speed=speed+5;
30         System.out.println("汽车在加速,当前速度：" + speed);
31     }
32     //减速
33     public void speedDown() {
34         speed=speed-5;
35         System.out.println("汽车在减速,当前速度：" + speed);
36     }
37     //停车
38     public void stop() {
39         speed = 0;
40         System.out.println("汽车在停车,当前速度：" + speed);
41     }
42     public int getNumber() {
43         return number;
44     }
45     public void setNumber(int number) {
46         if(number>=3)
47             this.number = number;
48         else{
49             System.out.println("轮胎才"+number+"个，你搞错了吧");
50             this.number = 4;   //给默认值4
51         }
52     }
53     public String getColor() {
54         return color;
55     }
56     public void setColor(String color) {
57         this.color = color;
58     }
59
60     public String getLicense() {
61         return license;
62     }
63     public void setLicense(String license) {
64         this.license = license;
65     }
66     public int getSpeed() {
67         return speed;
68     }
69     public void setSpeed(int speed) {
70         this.speed = speed;
71     }
72     //  显示汽车相关信息
73     @Override
74     public String toString() {
75         return "汽车 [颜色: " + color + ", 牌照: " + license
76             + ", 轮胎个数: " + number + ", 速度: " + speed + "]";
77     }
78     public static void main(String[] args) {
79         AutoMobile2 qiche = new AutoMobile2();
80         AutoMobile2 qiche2 = new AutoMobile2(2,"白色","浙G712AA");
81         System.out.println(qiche);
82         System.out.println(qiche2);
83     }
84 }
```

图 4-20　封装实现"汽车"类

知 识 要 点 三

　　我们已经学习了面向对象的一些重要概念，如封装、构造方法及方法重载。接下来将步入面向对象思想的更高阶层：继承和多态。继承是一种提高程序代码的可重用性，以及提高系统的可扩展性的有效手段。

1. 继承

1) 生活中的继承

4-6　类的继承

　　在实际生活中，继承的例子随处可见。自然界中，兔子和羊都是食草动物，它们都具有食草动物的基本特征和行为。如果把食草动物称为父类，那么兔子和羊就是食草动物的子类。同样，由于老虎和狮子都具有食肉动物的基本特征和行为，我们可以说老虎和狮子都是食肉动物的子类。

　　无论是食肉动物还是食草动物，它们都具有动物的特征和行为，比如觅食、走路、睡觉等。所以，此时的动物是父类，而食草动物和食肉动物都是动物的子类。图 4-21 展示了动物世界的继承关系。

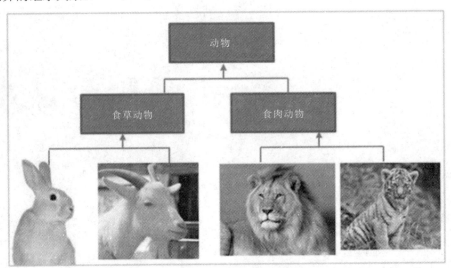

图 4-21　动物继承关系图

　　在图 4-21 所展示的继承关系中，兔子的直接父类是食草动物，它的间接父类是动物。动物、食草动物、兔子形成了一个继承树分支，在这个分支上，位于下层的子类会继承上层所有直接或间接父类的特征和行为。如果两个类不在同一个继承树分支上，就不存在继承关系，例如兔子和老虎，它们不在一个继承树分支上，因此不存在继承关系。

　　现在，请思考：继承的特点是什么？

　　我们可以看到，在继承关系中，父类更通用，子类更具体。父类具有更一般的特征和行为，而子类除了具有父类的特征和行为外，还具有一些自己特殊的特征和行为。

　　另一个继承关系的示例如图 4-22 所示。图 4-22 给出了父类汽车所具有的属性和行为，也给出了 3 个子类(巴士、货车、出租车)各自的属性和行为。

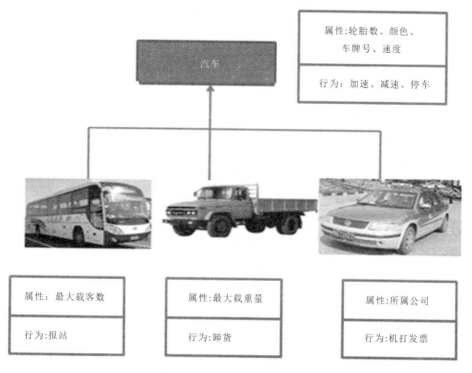

图 4-22　交通工具的继承关系图

请思考：出租车包含哪些属性和行为呢？

出租车是汽车的子类，它继承了父类的属性和行为，又具有自身特殊的属性和行为，因此，出租车共有 5 个属性和 4 种行为。

2) 为什么需要继承

刚才，我们通过例子了解了继承关系的特点，那么在 Java 程序中，如何使用继承关系呢？更重要的是，在 Java 程序中，为什么需要使用到继承关系呢？我们来看以下例子。

例 3　开发教师类，其中教师分为 Java 教师以及 C 教师，各自的要求如表 4-5 所示。

表 4-5　开 发 要 求

类	属性	方　　法
Java 教师	姓名、上课班级	授课(步骤：打开 MyEclipse、写代码)、自我介绍
C 教师	姓名、上课班级	授课(步骤：打开 C-Free、写代码)、自我介绍

请大家根据以前所掌握的知识，编码实现这一需求。解决方案如图 4-23 和图 4-24 所示。

这样的解决方案存在什么问题？相信细心的你已经发现了：类 JavaTeacher 与类 CTeacher 中存在大量重复的代码，而大量重复代码的存在，显然违背了"write once, only once"(编写一次，且仅编写一次) 的原则，而这一原则是我们在做面向对象编程时一个非常重要的原则。

既然如此，怎样进行改进以避免重复代码的出现呢？

此时，正是继承大显身手的时候了！

图 4-23　JavaTeacher 类

```java
package ch04;
//JavaTeacher教师类
//教师具有属性: 姓名、上课班级
//教师具有行为: 自我介绍、授课

public class JavaTeacher {
    private String name;
    private String banji;

    public JavaTeacher(String name,String banji) {
        this.name = name;
        this.banji = banji;
    }

    //授课
    public void giveLesson() {
        System.out.println("请大家打开MyEclipse软件");
        System.out.println("开始编码……");
    }

    //自我介绍
    public void introduction() {
        System.out.println("大家好! 我是"+name+",上课班级为:"+banji);
    }

    public static void main(String[] args) {
        JavaTeacher sp = new JavaTeacher("shenping","15计应1");
        sp.introduction();
        sp.giveLesson();
    }
}
```

图 4-24　CTeacher 类

```java
package ch04;
//CTeacher教师类
//教师具有属性: 姓名、上课班级
//教师具有行为: 自我介绍、授课

public class CTeacher {
    private String name;
    private String banji;

    public CTeacher(String name,String banji) {
        this.name = name;
        this.banji = banji;
    }

    //授课
    public void giveLesson() {
        System.out.println("请大家打开C-Free软件");
        System.out.println("开始编码……");
    }

    //自我介绍
    public void introduction() {
        System.out.println("大家好! 我是"+name+",上课班级为:"+banji);
    }

    public static void main(String[] args) {
        CTeacher lzr = new CTeacher("liaozhirong","15计应1");
        lzr.introduction();
        lzr.giveLesson();
    }
}
```

图 4-24　CTeacher 类

　　试想: 我们能否为 Java 教师类和 C 教师类抽象出一个父类, 让这个父类实现 Java 教师和 C 教师的共同属性和方法, 而 Java 教师类和 C 教师类分别实现自身特殊的属性和方法呢? 教师这个父类应该具有属性 "姓名" "上课班级" 以及方法 "授课" "自我介绍", 我们把这些属性和方法提取到父类中去实现, 让子类自动继承这些属性和方法, 如图 4-25 和图 4-26 所示。由此可见, 使用继承可以有效实现代码复用。

```
Teacher.java ⊠
 1  package ch04;
 2  //教师类
 3  //教师具有属性：姓名、上课班级
 4  //教师具有行为：自我介绍、授课
 5
 6  public class Teacher {
 7
 8      private String name;
 9      private String banji;
10
11      public Teacher(String name,String banji) {
12          this.name = name;
13          this.banji = banji;
14      }
15      //授课
16      public void giveLesson() {
17          System.out.println("开始编码……");
18      }
19      //自我介绍
20      public void introduction() {
21          System.out.println("大家好！我是"+name+",上课班级为:"+banji)
22      }
23      public static void main(String[] args) {
24          Teacher xm = new Teacher("xumin","15计应1");
25          xm.introduction();
26      }
27  }
```

图 4-25　父类 Teacher

```
CTeacher2.java ⊠
 1  package ch04;
 2
 3  public class CTeacher2 extends Teacher {
 4
 5      public CTeacher2(String name, String banji) {
 6          super(name, banji);   //调用父类的构造方法
 7      }
 8      //重写方法giveLesson()
 9      public void giveLesson() {
10          System.out.println("打开CFree软件");
11          super.giveLesson();   //调用父类的giveLesson方法
12      }
13  }
14
```

```
JavaTeacher2.java ⊠
 1  package ch04;
 2
 3  public class JavaTeacher2 extends Teacher {
 4
 5      public JavaTeacher2(String name, String banji) {
 6          super(name, banji);
 7      }
 8      public void giveLesson() {
 9          System.out.println("打开MyEclipse软件");
10          super.giveLesson();
11      }
12  }
```

图 4-26　子类的实现

3) 如何实现继承

一般情况下，实现继承的时候我们需要注意以下几点：

(1) 在 Java 语言中，用 extends 关键字来表示一个类继承了另一个类，语法如下：

语法　　public class 子类 extends　父类{

　　　　　}

注意　Java 中不允许多重继承！以下代码是错误的：

$$\text{public class 子类 extends 父类 1，父类 2\{　　\}}$$

(2) 在父类中只定义一些通用的属性和方法，如 Teacher 类中的通用属性"姓名""上课班级"、方法"授课""自我介绍"。

(3) 子类自动继承父类的属性和方法，子类中可以定义特定的属性和方法。由于 Java 教师和 C 教师在授课的方法实现上有所不同，因此在图 4-26 中分别重写了授课方法。

方法重写(override)：如果在子类中定义的一个方法，其名称、返回类型及参数列表正好与父类中的某个方法的名称、返回类型及参数列表相匹配，那么可以说，子类的方法重写了父类的方法。

(4) 在子类的构造方法中，通过 super 关键字调用父类的构造方法，完成属性的初始化工作(super 语句必须是构造方法中的第一条语句)。

　注意　创建对象时，先创建父类对象，再创建子类对象。如果没有显示调用父类的构造方法，将自动调用父类的无参构造方法。

(5) 如果子类中重写了父类的方法，那么可以通过 super 关键字调用父类的方法。图 4-26 中的 JavaTeacher 和 CTeacher 都重写了父类的 giveLesson 方法，并通过 super 关键字调用了父类的 giveLesson 方法。

4) 一切类的祖先——Object

在 Java 中，所有的 Java 类都直接或间接地继承了 java.lang.Object 类。Object 类是所有 Java 类的祖先。

假如在定义一个类时，没有使用 extends 关键字，那么这个类直接继承 Object 类。如图 4-27 所示，Exe1 类继承了 Object 类，会自动弹出继承自 Object 的所有方法。

```
public class Exe1 {

    public static void main(String[] args) {
        Exe1 e = new Exe1();
        e.
        ◇ clone()  Object - Object
        ● equals(Object arg0)  boolean - Object
        ◇ finalize()  void - Object
        ● getClass()  Class<?> - Object
        ● hashCode()  int - Object
        ● notify()  void - Object
        ● notifyAll()  void - Object
        ● toString()  String - Object
        ● wait()  void - Object
        ● wait(long arg0)  void - Object
        ● wait(long arg0, int arg1)  void - Object
        ⁸ main(String[] args)  void - Exe1
    }
                                  按 "Alt+/" 以显示 模板建议
}
```

图 4-27　Exe1 继承自 Object 的方法列表

党的十九大报告中提出要深入挖掘中华优秀传统文化蕴含的思想观念、人文精神、道德规范，结合时代要求继承创新，让中华文化展现出永久魅力和时代风采。类里面的继承也正是如此，子类传承父类精神，开创自己的时代特色。

2. 接口

1) 生活中的接口

生活中，接口的例子随处可见。图 4-28 所展示的物品大家一定非常熟悉。

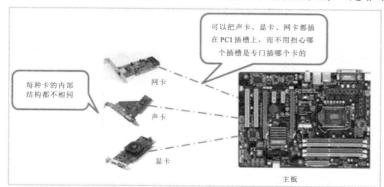

4-7　类的接口

图 4-28　生活中的接口

　　在图 4-28 中，主板上的 PCI 插槽的规范就类似于 Java 接口，我们可以把声卡、网卡以及显卡插在任意一个 PCI 插槽上，根本不用担心哪个 PCI 插槽是专门用来插入哪种卡的。声卡、网卡、显卡的内部结构各不相同，它们类似于 Java 接口的具体实现。

2) 面向接口编程

　　一个 Java 接口是常量和一些方法特征的集合，但没有方法的实现。Java 接口中定义的方法在不同的地方被实现，可以具有完全不同的行为。

　　(1) 定义 Java 接口，语法如下：

语法　interface 接口名

　　　　　　{

　　　　　　　　[public static final] 类型　常量名 = 常量值;

　　　　　　　　[public abstract] 返回类型　方法名(参数列表);

　　　　　　}

图 4-29 展示了主板上 PCI 插槽的规范。在这个接口里，只有两个抽象方法 start 和 stop。

```
PCI.java
1 package ch04;
2
3 //定义一个接口PCI
4 public interface PCI {
5
6     public void start(); //抽象方法start，不能有方法体实现
7     public void stop();
8 }
```

图 4-29　PCI 接口的定义

(2) 实现 Java 接口，语法如下：

语法　　class 类名 implements 接口列表

```
{

}
```

> **注意**　同一个类可以实现多个接口，当接口列表中存在多个接口名时，各个接口名之间使用逗号分隔。

用声卡类实现 PCI 插槽的规范，如图 4-30 所示。

```
SoundCard.java
1  package ch04;
2  //声卡类，实现PCI接口
3  public class SoundCard implements PCI {
4
5      public void start() {
6          System.out.println("发出Du du...声卡在工作");
7      }
8
9      public void stop() {
10         System.out.println("声卡停止工作!");
11     }
12
13 }
```

图 4-30　声卡类实现了 PCI 接口

用网卡类实现 PCI 插槽的规范，如图 4-31 所示。

```
NetworkCard.java
1  package ch04;
2  //网卡类，实现PCI接口
3  public class NetworkCard implements PCI {
4
5      public void start() {
6          System.out.println("发送接收数据…… 网卡开始工作");
7      }
8
9      public void stop() {
10         System.out.println("网卡停止工作!");
11     }
12
13 }
```

图 4-31　网卡类实现了 PCI 接口

> **注意**　在类中实现接口时，方法名、返回值类型、参数的个数及类型必须与接口中的完全一致，并且必须实现接口中的所有方法。

(3) 使用 Java 接口。

集成测试类集成了声卡和网卡，并且声卡和网卡开始工作，如图 4-32 所示。在 Assembler 类中，使用 Java 接口 PCI 作为引用类型，分别创建了声卡对象以及网卡对象。运行时，Java 虚拟机根据实际创建的对象的类型调用相应的方法实现。

Assembler.java

```java
package ch04;

public class Assembler {

    public static void main(String[] args) {
        PCI nc = new NetworkCard();   //在主板上插入网卡
        PCI sc = new SoundCard();     //在主板上插入声卡
        nc.start();
        sc.start();
    }
}
```

图 4-32　集成测试类

例 4　定义一个接口 Graphics，该接口中含有一个常量 PI 和一个求面积的方法 area()。再定义一个圆 Circle 类和一个正方形 Square 类，实现 Graphics 接口，代码如图 4-33 所示。

Graphics.java

```java
package ch04;

public interface Graphics {
    double PI=3.1415926;   //常量
    double area();         //抽象方法，求面积
}
```

Circle.java

```java
package ch04;

public class Circle implements Graphics {
    private  double r;  //半径
    public Circle(double r){
        this.r = r;
    }
    public double area() {
        return PI*r*r;
    }
    public static void main(String[] args) {
        Graphics yuan = new Circle(3.5);
        Graphics zfx = new Square(3.5);
        System.out.println("圆的面积是："+yuan.area());
        System.out.println("正方形的面积是："+zfx.area());
    }
}  //公有类Circle


class Square implements Graphics{
    private  double bc;    //边长
    public Square(double bc){
        this.bc = bc;
    }
    public double area() {
        return bc*bc;
    }
}  //类 Square
```

图 4-33　例 4 代码

3. 多态

多态性是面向对象程序设计的重要部分。

现实中，关于多态的例子不胜枚举。比如在电脑上按下 F1 键，如果当前活动窗口是 Flash，那么弹出的就是 AS 3 的帮助文档；如果当前在 Word 下，弹出的就是 Word 帮助；如果当前在 Windows 下，弹出的就是 Windows 帮助和支持。同一个事件发生在不同的对象上会产生不同的结果。

多态存在以下三个必要条件：

(1) 要有继承；

(2) 要有重写；

(3) 父类引用指向子类对象。

在 Java 语言中，通常使用接口的实现、方法的重载(Overloading)和重写(Overriding)实现类的多态性。具体可参见图 4-29～图 4-33 的代码。

4. 包

1) 为什么需要包

在计算机中，我们保存文档时经常会使用文件夹，把不同类型的文档进行归类，然后分放到不同的文件夹中，这样易于管理和查找，如图 4-34 所示的树形目录结构。文件分门别类存储在不同的文件夹中解决了文件同名冲突的问题。事实上，在编写复杂程序的过程中，也会遇到同样的问题。Java 以类组织程序，你定义了一个 student 类，另一个人也定义了一个 student 类，于是类名冲突。Java 提供包来管理类。

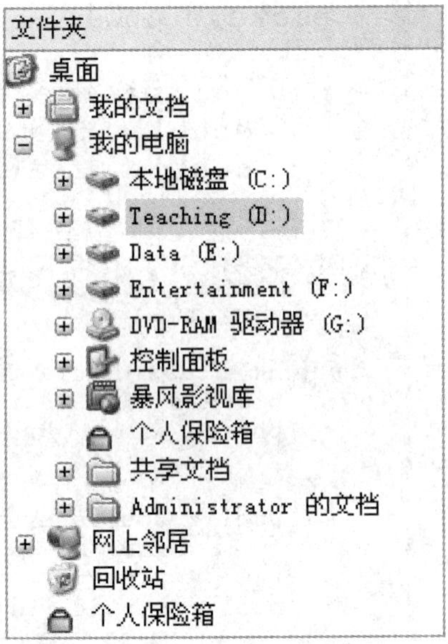

包主要有以下三个作用：

(1) 包允许将类组合成较小的单元(类似文件夹)，以便找到和使用相应的类文件。

(2) 防止命名冲突。

图 4-34　树形目录结构

(3) 包允许在更广的范围内保护类、数据和方法。根据规则，包外的代码有可能不能访问该类。

2) 如何创建包

创建包的方法有两种，具体如方法 1 和方法 2 所示。

语法　　方法 1：package 包名；

> **注意**　包的声明必须是 Java 源文件中的第一条非注释性语句，而且一个源文件只能有一个包声明语句。

方法 2：在 MyEclipse 中创建，如图 4-35 所示。

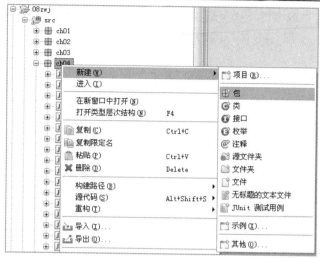

图 4-35　新建包

3) 如何导入包

要使用不在同一个包中的类，需要将包显示地包括在 Java 程序中。在 Java 中，使用关键字 import 告知编译器所要使用的类位于哪一个包中，这个过程称为导入包，语法如下：

语法　　import 包名.类名;　　//导入某个具体类

　　　　　　import 包名.*;　　　　//导入某个包下面的所有类

　　包的功能主要是整理分类，对学生来说，要脚踏实地从自己身边的小事做起，养成整理个人卫生、寝室卫生、教室卫生、实训室卫生的良好习惯。

任务 9　实现含 GPS 定位功能的公交车类

任务要求： ① 编写接口 GPS，在该接口中定义 getLocation()方法，用来确定公交车的位置，使用 java.awt.Point 类保存坐标。公交车的坐标值用 speed 来确定。

② 定义一个公交车 Bus 类，继承 AutoMobile2 类，并添加成员变量(最大载客数)和方法(报站，覆盖加速，减速的方法)，同时实现 GPS 接口，效果如图 4-36 所示。

```
■ 控制台 ⊠
<已终止> Bus [Java 应用程序] C:\Program Files (x86)\Java\jre7\bi
汽车 [颜色：蓝白相间，牌照：浙A54688，轮胎个数：4，速度：0]
公交车 [最大载客数 =30]
公交车在加速，当前速度：10
公交车在加速，当前速度：20
车的当前位置：(20.0,20.0)
汽车在停车，当前速度：0
四喜凉亭站到了，请带好您的贵重物品从后门下车！
```

图 4-36　运行效果

任务分析：Bus 类既要继承类又要实现接口。继承 AutoMobile2 类后，要重写 speedUp 和 speedDown 方法，实现 GPS 接口(GPS 接口代码如图 4-37 所示)，也要实现其 getLocation 方法。

任务实现：在 ch04 包下创建 Bus 类，继承自 AutoMobile2 类，并实现 GPS 接口，完成源代码，如图 4-38 所示。

```java
GPS.java
1 package ch04;
2
3 import java.awt.Point;
4
5 public interface GPS {
6
7     public Point getLocation();
8 }
9
```

图 4-37　GPS 接口代码

```java
Bus.java
1 package ch04;
2 import java.awt.Point;
3 //公交车类：实现GPS接口，继承AutoMobile2类
4 public class Bus extends AutoMobile2 implements GPS {
5     private int maxPassenger ;//最大载客数
6
7     public Bus(){
8         super();
9     }
10
11     public Bus(int number,String color,String license,int maxPassenger){
12         super(number,color,license);
13         this.maxPassenger = maxPassenger;
14     }
15     //方法：报站
16     public void report(String station){
17         System.out.println(station+"到了，请带好您的贵重物品从后门下车！");
18     }
19     //重写父类方法：加速
20     public void speedUp() {
21         speed = speed+10;
22         System.out.println("公交车在加速，当前速度：" + speed);
23     }
24     //重写父类方法：减速
25     public void speedDown() {
26         speed = speed-10;
27         System.out.println("公交车在减速，当前速度：" + speed);
28     }
29     public Point getLocation() {
30         Point point = new Point();
31         point.setLocation(super.getSpeed(), super.getSpeed());
32         return point;
33     }
34
35     @Override
36     public String toString() {
37         return super.toString()+"\n公交车 [最大载客数=" + maxPassenger + "]";
38     }
39
40     public static void main(String[] args) {
41         Bus car = new Bus(4,"蓝白相间","浙A54688",30);
42         System.out.println(car);
43         car.speedUp();
44         car.speedUp();
45         System.out.println("车的当前位置：("+car.getLocation().getX()+","+car.getLocation().getY()+")");
46         car.stop();
47         car.report("四喜凉亭站");
48     }
49 }
```

图 4-38　【任务 9】代码

实 战 练 习

1. 创建一个圆类，具有成员变量 radius(double 类型)、一个把 radius 设置为 1.0 的构造方法，以及 set 和 get 方法；添加一个方法 computerArea()计算圆面积。在 main()方法中声明 2 个 Circle 对象，其中一个半径是默认值 1.0，另一个设置为 3，分别计算它们的面积并显示计算结果。源文件(Exe1.java)存储在 ch04 包中。

2. 编写一个类代表员工，源文件(Exe2.java)存储在 ch04 包中，具体要求如下：

(1) 具有属性：姓名(name)、工龄(workYear)、工资(salary)，其中工龄应该大于 0，否则输出错误信息，并赋予默认值 1；工资应该大于 1000，否则输出错误信息，并赋予默认值 1000。

(2) 具有方法：display，用来在控制台输出每个员工的姓名、工龄和工资。

(3) 具有带参数的构造方法：用来完成对象的初始化工作，并在构造方法中完成对工龄和工资的最小值限制。

(4) 测试该类是否可行。

3. 请编码实现动物世界的继承关系：

(1) 动物(Animal)具有属性：姓名、行为(吃(eat)、睡觉(sleep))。

(2) 动物包括：兔子(Rabbit)、老虎(Tiger)。这些动物吃的行为各不相同(兔子吃草，老虎吃肉)，但睡觉的行为是一致的。

请通过继承实现以上需求，并编写测试类 Exe3 进行测试，运行效果如图 4-39 所示。

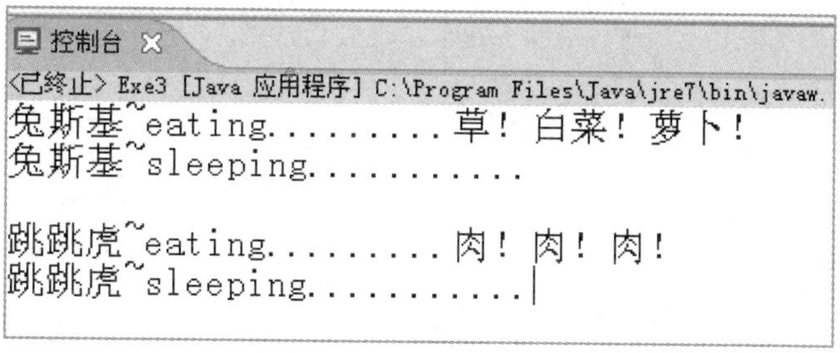

图 4-39　实战练习 3 效果图

4. 一个运输公司从网上得到订单，订单上标有货物重量和运输里程，该公司可以使用 3 种运输工具：卡车、火车、飞机。

(1) 编写运输接口 Traffic，声明 3 个接口常量，表示运输工具，声明一个计算运费的方法，参数是重量和里程。

(2) 定义卡车 Truck 类、火车 Train 类、飞机 Plane 类，分别实现运输接口 Traffic，计算运费的方法如下：

① 卡车：运费 = 重量×距离×12，当距离大于 1000(km)或重量大于 60(t)的时候拒载，返回−1。

② 火车：当距离在 900(km)内(包含)时，运费 = 重量×距离×25，大于 900(km)时，运费 = 重量×距离×30。

③ 飞机：当距离大于 500(km)时，运费 = 重量×距离×75，否则拒载，返回−1。

(3) 编写管理员类 Exe4，编写 main 方法使用运输接口和实现类，如图 4-40 所示。

```
Problems  Javadoc  声明  控制台 ×
<已终止> Exe4 [Java 应用程序] C:\Program Files\Java\jre7\bin\javaw.exe（2016年6月3日
请输入您要选择的交通工具：   1.卡车    2.火车   3.飞机:
2
请输入货物重量(t)：40
请输入运算距离(km)：100
您此次的运输将会花费：100000.0元！
```

图 4-40　实战练习 4 效果图

4-8　实战练习 1 参考答案

4-9　实战练习 2 参考答案

4-10　实战练习 3 参考答案

4-11　实战练习 4 参考答案

项目 5　Java 作业提交系统

工作任务

- 运用 Java API 帮助文档。
- 实现邮箱登录验证。
- 实现 Java 作业提交系统。

能力目标

- 掌握 String 类的基本用法。
- 定义、初始化字符串。
- 访问字符串长度。
- 比较、连接、提取字符串。
- 会使用 StringBuffer 类的方法对字符串进行操作。
- 了解 Math 类的使用。
- 会使用 Java API 帮助文档查阅 Java 常用类。

项 目 综 述

Java 老师要求大家用 Java 作业提交系统来提交作业，提交作业时，要输入 Java 源代码文件名以及自己的邮箱名，提交前系统要检查：① 是否是合法的 Java 文件名；② 邮箱是否为合法邮箱。由张无忌同学来实现提交前检查部分的功能，如图 5-1 所示。

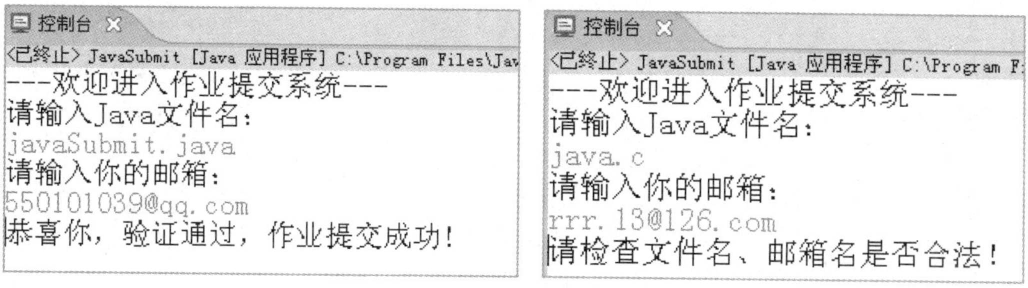

图 5-1　作业提交系统运行效果

张无忌一头雾水地看着老师，不知如何入手。经过提醒，知道要用到字符串 String 类，但是这个类该怎么用呢？

在项目 4 中，我们已经学会根据需要去定义一个类，但实际上 Java 已经提供给我们成百上千可以直接使用的类。当我们要用这些类的时候，我们可以去查询 API 帮助文档。学会利用 Java API 查阅编程时所需使用的类或接口，这是每个 Java 程序员都应该掌握的基本技能。

知 识 要 点

1. Java API 帮助文档的使用

类库就是 Java API(Application Programming Interface，应用程序接口)，是系统提供的已实现的标准类的集合。在程序设计中，合理和充分利用类库提供的类和接口，不仅可以完成字符串处理、绘图、网络应用、数学计算等多方面的工作，而且可以大大提高编程效率，使程序简练、易懂。

5-1　API 帮助文档和 String 类的使用

Java 类库中的类和接口大多封装在特定的包里，每个包具有自己的功能。如图 5-2 所示是 JDK1.5 API 中文版，在该帮助文档中，可以根据目录、索引或搜索来定位具体的包或类，从而查询其具体功能。例如，张无忌要查询 String 类，单击左边选项卡的"索引"，关键字输入"String"，回车后右边内容区域就显示了 String 类，如图 5-3 所示。在右边的内容区域里，有 String 类的字段摘要(该类的属性)，构造方法摘要(多个构造方法重载)，方法摘要，每个摘要都可以单击进入，从而查看其更具体的使用说明。

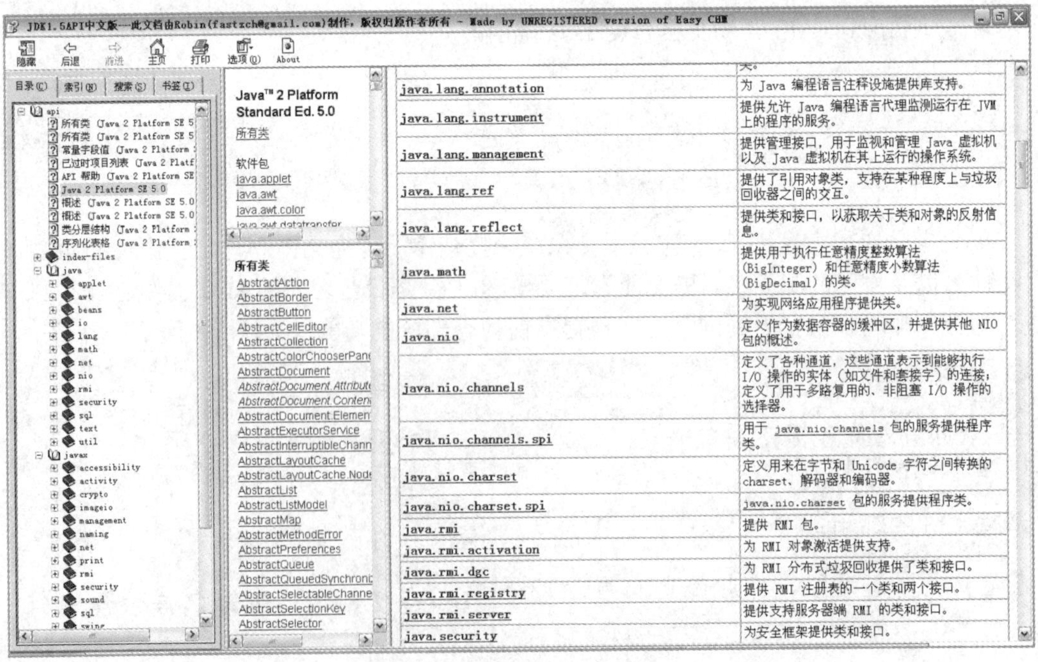

图 5-2　JDK1.5API 中文版

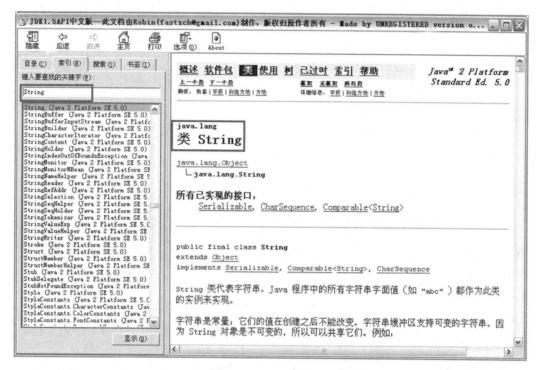

图 5-3　String 类的查询

Java 常用包如表 5-1 所示。

表 5-1　Java 常用包

包	说　　明
java.util	提供集合框架、Collection 类、日期、实用工具等类
java.lang	提供利用 Java 编程语言进行程序设计的基础类(系统默认导入)
java.io	提供强大的系统输入和输出
java.sql	提供强大的数据库操作支持

2. String 类

字符串是一系列字符组成的序列。生活中，字符串无处不在："Java 程序设计""实训室南 304""浙江某职业技术学院""2016 年里约奥运会"等，我们说过的每一句话都是字符串。

1) 创建字符串

如何使用字符串呢？简单地说，主要分为两步：

(1) 定义并初始化字符串。

(2) 使用字符串，对字符串进行一些处理。

创建一个字符串有多种方法，在图 5-4 所示的 String 类的构造方法摘要里，可以看到有多个构造方法可以使用。

例 1　创建字符串。

·用已有字符创建一个字符串：

　　　　-String str = "欢迎学习 Java";

·创建一个空的字符串：

　　　　-String str = new String();

·用已知字符串创建一个字符串对象：

　　　　-String str = new String("五一劳动节");

·用字符数组创建一个字符串对象：

　　　　-char ch_array[]={'a', 'b', 'c', 'd'};

　　　　-String str = new String(ch_array);

构造方法摘要

`String()`　　初始化一个新创建的 `String` 对象，它表示一个空字符序列。
`String(byte[] bytes)`　　构造一个新的 `String`，方法是使用平台的默认字符集解码字节的指定数组。
`String(byte[] ascii, int hibyte)`　　*已过时。　该方法无法将字节正确转换为字符。从 JDK 1.1 起，完成该转换的首选方法是通过 String 构造方法，该方法接受一个字符集名称或使用平台的默认字符集。*
`String(byte[] bytes, int offset, int length)`　　构造一个新的 `String`，方法是使用指定的字符集解码字节的指定子数组。
`String(byte[] ascii, int hibyte, int offset, int count)`　　*已过时。　该方法无法将字节正确转换为字符。从 JDK 1.1 开始，完成该转换的首选方法是通过 String 构造方法，它接受一个字符集名称，或者使用平台默认的字符集。*
`String(byte[] bytes, int offset, int length, String charsetName)`　　构造一个新的 `string`，方法是使用指定的字符集解码字节的指定子数组。
`String(byte[] bytes, String charsetName)`　　构造一个新的 `string`，方法是使用指定的字符集解码指定的字节数组。
`String(char[] value)`　　分配一个新的 `String`，它表示当前字符数组参数中包含的字符序列。
`String(char[] value, int offset, int count)`　　分配一个新的 `string`，它包含来自该字符数组参数的一个子数组的字符。
`String(int[] codePoints, int offset, int count)`　　分配一个新的 `string`，它包含该 Unicode 代码点数组参数的一个子数组的字符。
`String(String original)`　　初始化一个新创建的 `string` 对象，表示一个与该参数相同的字符序列；换句话说，新创建的字符串是该参数字符串的一个副本。

图 5-4　String 类的构造方法摘要

字符串 String 类提供很多方法来完成对字符串的操作。例如：获得字符串的长度，对两个字符串进行比较，连接两个字符串以及提取一个字符串中的某一部分等。

2) 求字符串长度

例 2　随机输入你心中想到的一个名字，然后输出它的字符串长度。

学习了 Scanner 类后(ch02/TestScanner.java)，在控制台接收一个从键盘输入的字符串已经不再是一件难事了，如何计算字符串的长度呢？别担心，String 类有 length()方法。从 API 帮助文档里，可以看到求长度方法的具体信息，如图 5-5 所示。该方法不带参数，返回一个整型数据，即字符串长度。

```
length

public int length()

    返回此字符串的长度。长度等于字符串中 16 位 Unicode 字符数。
    指定者:
        接口 CharSequence 中的 length
    返回:
        此对象表示的字符序列的长度。
```

图 5-5　length()方法

语法　字符串名.length();

例 2 完成代码如图 5-6 所示。

```java
NameLen.java
1  package ch05;
2  import java.util.Scanner;
3
4  //随机输入你心中想到的一个名字，然后输出它的字符串长度。
5  public class NameLen {
6
7      public static void main(String[] args) {
8          //定义一个Scanner对象cin
9          Scanner cin = new Scanner(System.in);
10
11         System.out.println("请随机输入一个名字：");
12         String name = cin.next();
13         System.out.println("您输入的名字是："+name+"，长度是"+name.length());
14     }
15 }
```

图 5-6　字符串长度方法使用

3) 字符串的比较

在生活中，经常会对字符串进行比较，比如，当你登录计算机操作系统时，输入的密码会和系统中已保存的密码进行比较；当你去书店买书时，你看到的书名会和你大脑中想买的书名进行比较；当你考试结束去查成绩时，你无意中也在将你看到的名字和你自己的名字进行比较，最终找到你的成绩。

那如何使用计算机进行字符串的比较呢？在 Java 中，equals( )方法可以帮助我们解决这个问题。equals( )方法如图 5-7 所示。根据返回值判断两个字符串是否相等。

```
equals

public boolean equals(Object anObject)

    比较此字符串与指定的对象。当且仅当该参数不为 null，并且是表示与此对象相同的字符序列的 String 对象时，结果才为
    true。

    覆盖:
        类 Object 中的 equals
    参数:
        anObject - 与此 String 进行比较的对象。
    返回:
        如果 String 相等，则返回 true；否则返回 false。
    另请参见:
        compareTo(java.lang.String), equalsIgnoreCase(java.lang.String)
```

图 5-7　equals( )方法

equals( )方法使用语言为：字符串 1.equals(字符串 2);

例 3   两个学生输入自己喜欢的课程，判断是否一致。代码如图 5-8 所示。

```java
package ch05;

import java.util.Scanner;

public class favCourse {

    public static void main(String[] args) {
        Scanner input = new Scanner(System.in);
        System.out.print("请输入张三最喜欢的课程： ");
        String favCourse1 = input.next();
        System.out.print("请输入李四最喜欢的课程： ");
        String favCourse2 = input.next();

        // 判断课程名称是否相同
        if (favCourse1.equals(favCourse2)) {
            System.out.println("最喜欢的课程相同");
        } else {
            System.out.println("最喜欢的课程不相同");
        }
    }
}
```

图 5-8   判断课程名称是否相同

反复测试你会发现，如果输入"Java"和"java"，输出结果仍然是"最喜欢的课程不相同"，但是，这似乎不符合实际情况，因为我们理解的"Java"和"java"都是指 Java 这门课程，是一致的。这是由 equals( )方法比较字符串的特性决定的，它会比较两个字符串中的每一个字符，相同的字母，但是大小写不同也是不相同的。因此，我们需要使用另一个方法，equalsIgnoreCase( )方法解决。Ignore 是"忽略"的意思，这个方法在比较字符串时忽略字符的大小写。

equalsIgnoreCase( )方法使用语法为：字符串 1.equalsIgnoreCase(字符串 2);

尝试使用这个方法，用代码" favCourse1.equalsIgnoreCase(favCourse2) "替换"favCourse1.equals(favCourse2)"，运行时分别输入"Java"和"java"，输出的结果就是"最喜欢的课程相同"，这样问题就解决了！

那么，想一想还有别的解决办法吗？如果在比较之前就变成全部大写或是全部小写，然后再使用 equals( )，是不是也会得到同样的效果呢？下面就来试一试。

在 Java 中，String 类提供了两个方法改变字符串中字符的大小写，如图 5-9 所示。

toLowerCase( )：转换字符串中的英文字符为小写。

toUpperCase( )：转换字符串中的英文字符为大写。

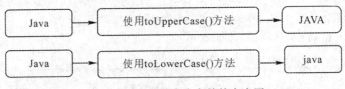

图 5-9   改变字符串中字符的大小写

因此，结合 toUpperCase ( )方法和 equals( )方法，改写代码如图 5-10 所示。

```
// 判断课程名称是否相同
if(favCourse1.toUpperCase().equals(favCourse2.toUpperCase())){
    System.out.println("最喜欢的课程相同");
}else {
    System.out.println("最喜欢的课程不相同");
}
```

图 5-10　判断课程名称是否相同(忽略大小写)

运行后，可以得到相同的结果。

利用刚刚所学的字符串方法可以先完成"任务 10"。

4) 字符串连接

例 4　张无忌的成绩见图 5-11，打印输出如图 5-12 所示的成绩单。

学号	姓名	大学语文	大学英语	Java程序设计	模拟电子技术	思想道德修养与法律基础	大学计算机基础	高等数学	大学体育
08	张无忌	65	66	93.5	87	84	88.5	66.9	优

图 5-11　张无忌的成绩单

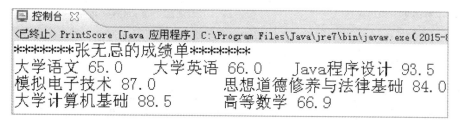

图 5-12　打印输出张无忌的成绩单

在这里，我们就需要使用字符串连接。使用前面已经学过的输出语句可以直接按照要求输出成绩单，如图 5-13 所示。这里在定义字符串时使用"+"运算符进行连接。

```
String scoreSheet = "大学语文 "+yuWen+"\t大学英语 "+yingYu+"\tJava程序设计 "+java
    +"\n模拟电子技术 "+moDian+"\t思想道德修养与法律基础 "+siXiang
    +"\n大学计算机基础 "+jiSuanJi+"\t高等数学 "+shuXue;
```

图 5-13　"+"作字符串连接

除此之外，在 Java 中，String 类也提供了另一个方法 concat()方法，将一个字符串连接到另一个字符串的后面。帮助文档具体如图 5-14 所示。

```
concat

public String concat(String str)

    将指定字符串联到此字符串的结尾。

    如果参数字符串的长度为 0，则返回此 String 对象。否则，创建一个新的 String 对象，用来表示由此 String 对象表示的字符
    序列和由参数字符串表示的字符序列串联而成的字符序列。

    示例：

        "cares".concat("s") returns "caress"
        "to".concat("get").concat("her") returns "together"

    参数：
        str - 串联到此 String 结尾的 String。
    返回：
        一个字符串，它表示此对象的字符后面串联字符串参数的字符。
```

图 5-14　concat( )方法

concat( )方法使用语法为：字符串 1.concat(字符串 2);

执行完毕，字符串 2 被连接到字符串 1 的后面。需要注意的是，连接后字符串 1 和字符串 2 本身的内容不变。例如

　　String s = new String("你好，");

　　String name = new String("王宝强!");

　　String sentence = s.concat(name);

　　System.out.println(sentence);

执行完毕，字符串 sentence 的内容便是"你好，王宝强!"。

5) 字符串提取、查询

在应用中，会遇到对字符串的某一部分进行查询和提取的问题。常用查询和提取字符串的方法如表 5-2 所示。也可以查询 API 帮助文档。

表 5-2　常用查询和提取字符串的方法

方　　法	说　　明
public int indexOf(int ch)	搜索第一个出现的字符 ch(或字符串 value)
public int indexOf(String value)	(int 类型是指对应字符的 ASCII 码)
public int lastIndexOf(int ch)	搜索最后一个出现的字符 ch(或字符串 value)
public int lastIndexOf(String value)	
public String substring(int index)	提取从位置索引开始的字符串部分
public String substring(int beginIndex, int endIndex)	提取 beginIndex 和 endIndex 之间的字符串部分
public String trim()	返回一个前后不含任何空格的调用字符串的副本

我们知道，字符串是一个字符序列，每一个字符都有自己的位置。字符串事实上也是一个字符数组，因此它的位置从 0 开始到(字符串长度-1)结束，如图 5-15 所示。这是一个字符串"奔跑吧兄弟"，其中"奔""跑""吧""兄""弟"的索引下标依次为 0、1、2、3、4。

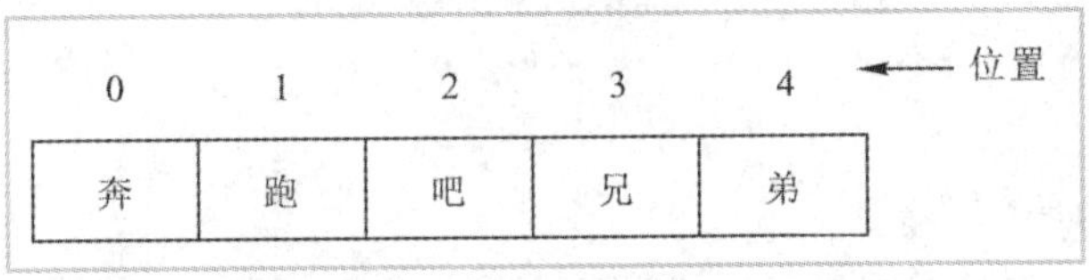

图 5-15　字符串中的字符索引

在表 5-2 中，前面 4 个方法的作用是执行搜索操作。

(1) indexOf( )方法在字符串内搜索某个指定的字符或字符串。它返回出现第一个匹配的位置，如果没有找到匹配，则返回-1。调用时，括号中要写明搜索的字符(或字符串)的名字。例如，搜索字符串"奔跑吧兄弟"中"吧"的位置：

　　String s = "奔跑吧兄弟";

　　int index = s.indexOf('吧');

执行后，返回字符 '吧' 的位置，index 的值为 2。

(2) lastIndexOf( )方法也是在字符串内搜索某个指定的字符或字符串，但是它是搜索最后一个出现的字符(或字符串)的位置。例如：搜索字符串"奔跑吧兄弟"中最后出现字符串"兄弟"的位置：

　　　　String s = "奔跑吧兄弟";

　　　　int index = s.lastIndexOf("兄弟");

执行后，返回字符串"兄弟"的首字符位置，index 的值为 8。

另外，表 5-2 中的后面 3 个方法用于提取字符或字符串。

(3) substring(int index)方法用于提取从位置索引开始的字符串部分，调用时括号中写的是要提取的字符串的开始位置，方法的返回值就是要提取的字符串。例如：要提取"奔跑吧兄弟"中的"兄弟"：

　　　　String s = "奔跑吧兄弟";

　　　　String result = s.substring(3);

(4) substring(int beginIndex，int endIndex)方法用于提取位置 beginIndex 和 endIndex 位置之间的字符串部分。特别要注意的是，返回的是位置 beginIndex 到 endIndex-1 的字符串。例如：要提取"奔跑吧兄弟"中的"跑吧"：

　　　　String s = "奔跑吧兄弟";

　　　　String result = s.substring(1，3);

(5) trim( )可以忽略字符串前后的空格，例如：去掉"　奔跑吧兄弟　"前后的空格：

　　　　String s = "　奔跑吧兄弟　";

　　　　String result = s.trim();

要想在程序中处理好字符串，关键是将这些方法巧妙地结合起来，灵活运用。现在可以去完成任务 11 了。

3. StringBuffer 类

在学习使用 String 类的方法中，我们可以注意到 String 类存储的是字符串常量，它们的值在创建之后不能改变。使用字符串缓冲区类 StringBuffer 支持可变的字符串。StringBuffer 也是 Java 开发人员给我们提供的用于处理字符串的一个类。在对字符串进行追加操作时，使用 StringBuffer 类可以大大提高程序的执行效率。具体使用见 API 帮助文档。使用 StringBuffer 也需要两步完成：

1) 声明 StringBuffer 对象并初始化

　　　　StringBuffer sb1 = new StringBuffer( );　　　　//声明一个空的 StringBuffer 对象

　　　　StringBuffer sb2 = new StringBuffer("中国好声音");　　//声明一个字符串"中国好声音"

2) 使用 StringBuffer 对象

StringBuffer 提供了很多方法，调用时使用点操作符完成。例如，在字符串后面追加字符用 append()方法，在字符串中插入字符用 insert()方法。

　　　　sb2.append("第三季");　　　　// 在原有字符串后面进行追加"第三季"

　　　　sb2.insert(0,"浙江卫视");　　　// 在位置 0 处插入字符串"浙江卫视"

调用 append()方法后 sb2 的值为"中国好声音第三季"，调用 insert()方法后 sb2 的值为

“浙江卫视中国好声音第三季”。

例 5　从控制台接收学生姓名，不断累加直到输入“#”结束，并输出所有学生姓名，运行结果如图 5-16 所示。

```
控制台 ×
<已终止> PrintName [Java 应用程序] C:\Program Files\Java\jre7\bin\javaw.exe(
请输入学生姓名：
王菲
谢霆锋
章子怡
汪峰
昆凌
周杰伦
#
您刚才输入的学生姓名有：
王菲	谢霆锋	章子怡	汪峰	昆凌	周杰伦
```

图 5-16　接收姓名并输出

实现代码如图 5-17 所示。

```java
PrintName.java ×
package ch05;

import java.util.Scanner;

public class PrintName {

    //从控制台接收学生姓名，不断累加直到输入“#”结束，并输出所有学生姓名
    public static void main(String[] args) {

        //声明学生姓名字符串
        StringBuffer name = new StringBuffer();
        System.out.println("请输入学生姓名：");
        Scanner input = new Scanner(System.in);

        // 循环从键盘接收字符串
        String s = input.next();

        while (s.equals("#")== false) {
            name.append(s);
            name.append("\t");
            s = input.next();
        }
        System.out.println("您刚才输入的学生姓名有：\n" + name);
    }
}
```

图 5-17　实现代码

4. Math 类

Math 类位于 java.lang 包中，提供了用于几何学、三角学以及几种一般用途方法的浮点函数，用以执行很多数学运算。Math 类定义的方法是静态的，可以通过类名直接调用，具体可以查阅 API 帮助文档。

例 6　使用 Math 类求值，代码如图 5-18 所示。API 帮助文档中部分方法如图 5-19 所示。

```
MathDemo.java ×
 1  package ch05;
 2
 3  public class MathDemo {
 4
 5      //数学类Math的使用
 6      public static void main(String[] args) {
 7          double angle = Math.PI/4;                                    // 以弧度为单位的角，π/4
 8          System.out.println ("abs(-5.8)="+Math.abs(-5.8));            // 返回-5.8的绝对值
 9          System.out.println ("ceil(3.2)="+Math.ceil(3.2));           // 返回≥3.2的最小整数值
10          System.out.println ("floor(3.8)="+Math.floor(3.8));         // 返回≤3.8的最大整数值
11          System.out.println ("round(3.8)="+Math.round(3.8));         // 返回最接近3.8的整数值
12          System.out.println ("min(3,2)="+Math.min(3,2));             // 返回3和2中的最小值
13          System.out.println ("max(Math.PI, 4)="+Math.max(Math.PI,4));    // 返回π和4的最大值
14          System.out.println ("pow(7,2)="+Math.pow(7,2));             // 返回7的平方
15          System.out.println ("exp(0.4)="+Math.exp(0.4));             // 返回e的0.4次方
16          System.out.println ("IEEEremainder(10.0,3.0)="+Math.IEEEremainder(10.0,3.0));    // 返回10/3的余数
17          System.out.println ("tan (angle)="+Math.tan (angle));       // 返回该角的正切
18          System.out.println ("Math.asin(0.707107)="+Math.asin(0.707107));    // 返回0.707107的反余弦
19          System.out.println ("e is:"+ Math.E);                       // 返回e的值
20          System.out.println ("π is:"+Math.PI);                       // 返回π的值
21          System.out.println("随机数："+Math.random());                // 返回一个随机数，大于或等于 0.0，小于 1.0。
22      }
23  }
```

图 5-18　Math 类的使用

字段摘要

static double	E
	double 值比任何其他值更接近于 e，即自然对数的底数。
static double	PI
	double 值比任何其他值更接近圆的周长与直径之比 pi。

方法摘要

static double	abs(double a)
	返回 double 值的绝对值。
static float	abs(float a)
	返回 float 值的绝对值。
static int	abs(int a)
	返回 int 值的绝对值。
static long	abs(long a)
	返回 long 值的绝对值。
static double	acos(double a)
	返回角的反余弦，范围在 0.0 到 pi 之间。
static double	asin(double a)
	返回角的反正弦，范围在 -pi/2 到 pi/2 之间。
static double	atan(double a)
	返回角的反正切，范围在 -pi/2 到 pi/2 之间。
static double	atan2(double y, double x)
	将矩形坐标 (x, y) 转换成极坐标 (r, theta)。

图 5-19　Math 类的部分方法

任务 10　邮箱登录验证

任务要求：邮箱登录，输入用户名和密码，判断是否登录成功。运行结果如图 5-20 所示。

图 5-20　邮箱登录

任务分析：用 Scanner 类输入用户名和密码，然后和已有的用户名、密码进行比较，判断二者是否一致，根据判断结果输出是否登录成功。

任务实现：在 ch05 包下创建 Java 文件 EmailLogin.java，源代码如图 5-21 所示。

```java
package ch05;

import java.util.Scanner;

public class EmailLogin {

    /**
     * 邮箱登录，输入用户名和密码，判断是否登录成功。
     */
    public static void main(String[] args) {

        Scanner sc = new Scanner(System.in);
        final String NAME ="shenping";   // 用户名常量NAME
        final String PASS = "123465";    // 密码常量PASS

        System.out.println("-----登录126网易邮箱-----");

        System.out.print("用户名：");
        String sname = sc.next();

        System.out.print("密 码：");
        String spwd = sc.next();

        if(sname.equals(NAME)&&spwd.equals(PASS))
                System.out.println("登录成功！");
        else
            System.out.println("用户名或密码错误！");
    }
}
```

图 5-21　邮箱登录验证

任务 11　Java 作业提交系统

任务要求：大家用 Java 作业提交系统来提交作业，提交作业时，要输入 Java 源代码文件名以及自己的邮箱名，提交前系统要检查：① 是否是合法的 Java 文件名；② 邮箱是否为合法邮箱。请实现提交前检查部分的功能，如图 5-1 所示。

任务分析：判断 Java 的文件名是否合法，关键是判断它是不是以 ".java" 结尾；判断邮件是否合法，至少要检查邮箱名中是否包含 "@" 和 "."，并检查 "@" 是否在

"."之前，要解决这样的问题，可以使用刚才所学的 String 类的搜索和提取字符串的方法。

任务实现：在 ch05 包下创建 Java 文件 JavaSubmit.java，源代码如图 5-22 所示。(对于邮箱名是否合法的检查，也可以使用 String 类的 matches()方法，使用正则表达式来验证)。

```java
package ch05;

import java.util.Scanner;

public class JavaSubmit {

    /**   作业提交系统
     *  ①合法的文件名应该以.java结尾
     *  ②合法的邮箱名中至少要包含"@"和"."，并检查"@"是否在"."之前
     */
    public static void main(String[] args) {

        Scanner sc = new Scanner(System.in);
        boolean b1=false, b2=false;

        System.out.println("---欢迎进入作业提交系统---");
        System.out.println("请输入Java文件名：");
        String name = sc.next();

        System.out.println("请输入你的邮箱：");
        String email = sc.next();

        int i = name.lastIndexOf(".");
        if(i!=-1)
        {
            String subString = name.substring(i);
            if(subString.equalsIgnoreCase(".java"))
                b1=true; //文件名是正确的
        }

        if(email.indexOf("@")!=-1 && email.indexOf(".")!=-1 && email.indexOf("@")<email.indexOf("."))
            b2 = true;              //email地址也是正确的

        if(b1&&b2)
            System.out.println("恭喜你，验证通过，作业提交成功！");
        else
            System.out.println("请检查文件名、邮箱名是否合法！");
    }
}
```

图 5-22　Java 作业提交系统检查部分

实 战 练 习

1. 根据输入的身份证号码输出生日。运行效果如图 5-23 所示。源文件(Exe1.java)存储在 ch05 包中。

```
<已终止> Exe1 [Java 应用程序] C:\Program Files\Java\jre7\bin\javaw.exe
请输入用户的身份证号码：330721198405121043

该用户生日是：1984年05月12日
```

```
<已终止> Exe1 [Java 应用程序] C:\Program Files\Java\jre7\bin\javaw.exe
请输入用户的身份证号码：33072119880315103

身份证号码无效！
```

图 5-23　实战练习1效果图

2. 输入五个学生的姓名，只打印王姓的学生。运行效果如图 5-24 所示。源文件(Exe2.java)存储在 ch05 包中。

```
请输入五个学生的姓名:
张无忌
赵敏
令狐冲
任盈盈
王宝强
您输入的王姓学生有:
王宝强
```

图 5-24　实战练习 2 效果图

3. 输入一个电话号码,逆序输出。运行效果如图 5-25 所示。源文件(Exe3.java)存储在 ch05 包中。

```
<已终止> Encryption [Java 应用程序] C:\Program Files\
请输入一个8位电话号码: 88194485

传输的数据是: 58449188
```

图 5-25　实战练习 3 效果图

5-2　实战练习 1 参考答案

5-3　实战练习 2 参考答案

5-4　实战练习 3 参考答案

项目6　黄河水灾处理

工作任务

➢ 用面向对象的编程方式描述黄河河水的水灾处理。

能力目标

➢ 掌握 Java 异常处理：
- 会使用 try...catch...finally 进行捕获异常；
- 会使用 throw 来抛出异常；
- 会使用 throws 来声明异常。
➢ 了解自定义异常类。

项 目 综 述

"君不见黄河之水天上来，奔流到海不复回"，描述的是我们的母亲河——黄河，但是壮观的河水有时也会引发灾害，为了减少灾害造成的损失，就要及时对灾害进行处理。用面向对象的编程方式描述这一自然现象。这是张无忌的最新作业，该怎么来描述呢？还是先来学习一下异常处理吧。

知 识 要 点 一

1. 异常

1) 生活中的异常

在生活中，异常(exception)情况随时都有可能发生。

例如：在正常情况下，小王每日开车去上班，耗时大概 30 分钟。但是，由于车多、交通拥挤，异常情况总是不可避免要发生。有时小王会遇上比较严重的堵车，偶尔还会倒霉地与其他汽车进行"亲密接触"。这种情况下，往往会影响小王到单位的时间。虽然这种异常偶尔才发生，

6-1　什么是异常

但也是件极其麻烦的事儿，这就是生活中的异常。接下来，让我们看看程序运行过程中会不会发生异常。

2) 程序中的异常

例1　根据课程代码输出课程名称，要求从控制台输入 1～3 之间的任一个数字，程序将根据输入的数字输出相应的课程名称，如图 6-1 所示。

```java
package ch06;

import java.util.Scanner;

public class TestException1 {
    public static void main(String[] args) {
        System.out.print("请输入课程代号(1至3之间的数字):");
        Scanner in = new Scanner(System.in);
        int courseCode = in.nextInt(); // 从键盘输入整数
        switch (courseCode) {
        case 1:
            System.out.println("C#编程");
            break;
        case 2:
            System.out.println("Java编程");
            break;
        case 3:
            System.out.println("SQL基础");
        }
    }
}
```

图 6-1　例 1 课代码

在正常情况下，用户会按照系统的提示输入 1～3 之间的数字，运行结果如图 6-2 所示。但是，如果用户没有按照要求进行输入，例如输入字母"A"，则程序在运行时将会发生异常，运行结果如图 6-3 所示。

```
□ 控制台 ☒
<已终止> TestException1 [Java 应用程序] C:\Program F
请输入课程代号(1至3之间的数字):1
C#编程
```

图 6-2　正常情况下的输出

```
□ 控制台 ☒
<已终止> TestException1 [Java 应用程序] C:\Program Files\Java\jre7\bin\javaw.exe（2015-8-15 下午11:
请输入课程代号(1至3之间的数字):A
Exception in thread "main" java.util.InputMismatchException
        at java.util.Scanner.throwFor(Unknown Source)
        at java.util.Scanner.next(Unknown Source)
        at java.util.Scanner.nextInt(Unknown Source)
        at java.util.Scanner.nextInt(Unknown Source)
        at ch06.TestException1.main(TestException1.java:9)
```

图 6-3　异常情况下的输出

3) 什么是异常

例 1 展示了程序中的异常。那么，究竟什么是异常？面对异常时，我们该怎么办呢？

异常就是在程序的运行过程中所发生的不正常的事件，它会中断正在运行的程序。

图 6-4 是简化的 Java 异常类层次结构示意图，需要注意的是所有的类都是从 java.lang.Throwable 继承而来，下一层则分为两个结构，Error 和 Exception。其中 Error 类层次描述了 Java 运行时系统的内部错误和资源耗尽错误，这种错误除了简单地报告给用户，并尽力阻止程序安全终止之外，一般也没有别的解决办法了。Java 语言将派生于 Error 或者 RuntimeException 的异常称为非检查型异常(Unchecked 异常)，所有其他的异常则是检查型异常(Checked 异常)。

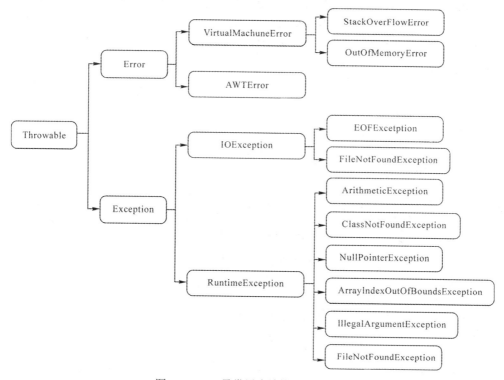

图 6-4　Java 异常层次结构简化示意图

所谓检查(Checked)是指编译器要检查这类异常，检查的目的一方面是因为该类异常的发生难以避免，另一方面就是让开发者去解决这类异常，所以称为必须处理(try...catch)的异常。如果不处理这类异常，集成开发环境中的编译器一般会给出错误提示。例如：一个读取文件的方法代码逻辑没有错误，但程序运行时可能会因为文件找不到而抛出 FileNotFoundException，如果不处理这些异常，程序将来肯定会出错。所以编译器会提示你要去捕获并处理这种可能发生的异常，不处理就不能通过编译。

所谓非检查(Unchecked)是指编译器不会检查这类异常，也就是说在代码的编辑编译阶段就不是必须处理，编译器不要求强制处置，这类异常一般可以避免，因此无需处理 (try...catch)。如果不处理这类异常，集成开发环境中的编译器也不会给出错误提示。例如：程序逻辑本身有问题，比如数组越界、访问空指针对象，这些异常都是在编码阶段可以避免的异常。

在生活中，小王会这样处理上下班过程中遇到的异常：如果发生堵车，小王会根据情况绕行或者继续等待；如果发生撞车事故，小王会及时打电话通知交警，请求交警协助解决，然后继续赶路。也就是说，小王会根据不同的异常进行相应的处理，而不会因为发生了异常，就手足无措，中断了正常的上下班。

那么在 Java 程序中，又是如何进行异常处理的呢？接下来，我们就来学习 Java 中的异常处理。

2. 异常处理

Java 编程语言使用异常处理机制为程序提供了错误处理的能力。

异常处理机制就像人们对平时可能会遇到的意外情况，预先想好了一些处理的方法。也就是说，在程序执行代码的时候，一旦发生了异常，程序会按照预定的处理办法对异常进行处理，异常处理完毕之后，程序继续运行。

6-2　异常处理
(try...catch...finally)

Java 的异常处理是通过 5 个关键字来实现的：try、catch(捕获)、finally、throw(抛出)和 throws。图 6-5 给出了 Java 进行异常处理时的一段典型代码。

```
package ch06;
public class TestException2 {
    public void method(){
        try {
            throwException(1);
        }catch(Exception e){
            System.out.print("捕获到异常！");
        }finally{
            System.out.print("finally中的代码一定会执行！");
        }

    }
    public void throwException(int i) throws Exception{
        if(i==1)
            throw new Exception();
    }
}
```

图 6-5　Java 异常处理代码

下面分别解释这 5 个关键字。

try：当某段代码在运行时可能产生异常的话，应该把这段代码放到 try 语句块中去。

catch：在 catch 语句块中捕获异常。捕获一个异常情况，并终止 try 语句块中的后续工作，且不会向上抛出异常。catch 语句块的参数类似于方法的声明，包含一个异常类型和一个异常对象。异常类型一般是 java.lang.Exception 类或者它的子类。

finally：无论是否产生异常，finally 所指定的代码都要被执行。通常在 finally 语句块中可以进行资源的清除工作，如关闭打开的文件、关闭数据库等。

throw：出现在方法体中，用来抛出一个异常。当使用 throw 抛出一个异常时，当前的执行块(方法)会结束后续的执行。相当于一个 return 操作，并保证上层在调用的时候可以捕获到这个异常，并作出相应处理。

throws：出现在方法的声明中，用来标明该方法可能抛出的各种异常。

try... catch... finally 使用语法如下:

语法　try{

正常程序段,可能抛出异常;

} catch (异常类 1　异常变量) {

捕捉异常类 1 有关的处理程序段;

} catch (异常类 2　异常变量) {

捕捉异常类 2 有关的处理程序段;

}

......

finally{

一定会运行的程序代码;

}

1) try...catch 语句块

来看 try...catch 语句块的代码。

例 2　根据课程代码输出课程名称。它与例 1 的主要区别在于它把可能出现异常的代码放入 try 语句块中,使用 catch 语句捕获异常,如图 6-6 所示。

```java
1  package ch06;
2  import java.util.Scanner;
3  public class TestException3 {
4      public static void main(String[] args) {
5          System.out.print("请输入课程代号(1至3之间的数字):");
6          Scanner in = new Scanner(System.in);
7          try {
8              int courseCode = in.nextInt();
9              switch (courseCode) {
10             case 1:
11                 System.out.println("C#编程");
12                 break;
13             case 2:
14                 System.out.println("Java编程");
15                 break;
16             case 3:
17                 System.out.println("SQL基础");
18             }
19         } catch (Exception ex) {
20             System.out.println("输入不为数字!");
21             ex.printStackTrace();
22         }
23         System.out.println("欢迎提出建议!");
24     }
25 }
```

图 6-6　例 2 源代码

try...catch 程序块的执行流程以及执行结果是比较简单的,首先执行的是 try 语句块中的语句,这时可能会有以下 3 种情况:

(1) 如果 try 语句块中所有语句正常执行完毕，那么 catch 语句块中的所有语句都将会被忽略。例如，我们在控制台输入"2"时，例 2 中的 try 语句块中的代码将正常执行，不会执行 catch 语句块中的代码，输出结果如图 6-7 所示。

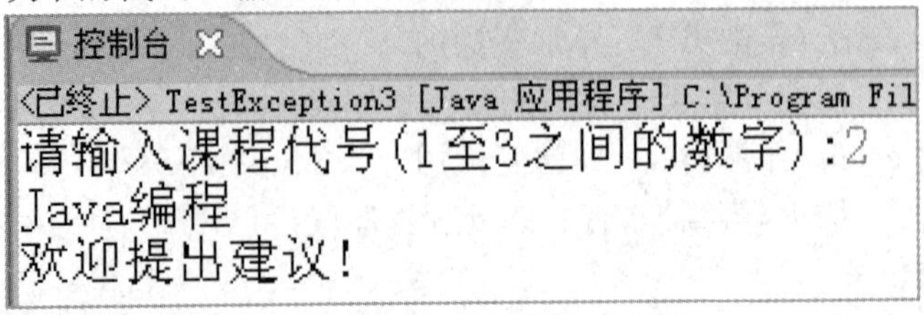

图 6-7　正常情况下的输出结果

(2) 如果 try 语句块在执行过程中碰到异常，并且这个异常与 catch 中声明的异常类型相匹配，那么 try 语句块中剩下的代码都将被忽略，而相应的 catch 语句块将被执行。例如，当我们在控制台输入"A"时，例 2 中的 try 语句块中的代码 int courseCode = in.nextInt(); 将抛出 InputMismatchException 类型的异常，由于 InputMismatchException 是 Exception 的子类，所以，程序将转入 catch 语句块中。输出结果如图 6-8 所示。

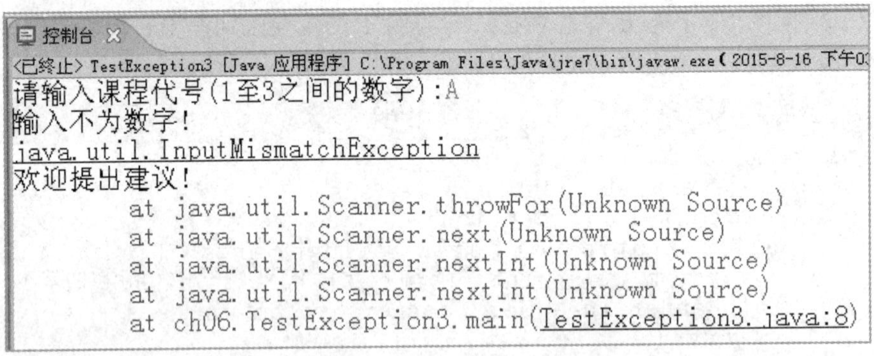

图 6-8　抛出异常情况下的输出结果

图 6-8 描述了异常的堆栈信息，这是通过调用异常对象的 printStackTrace( )方法得到的。printStackTrace 的堆栈跟踪功能显示出程序运行到当前类的执行流程，它将打印从方法调用处到异常抛出处的方法调用序列。该例中，java.util.Scanner 类中的 throwFor 方法是异常抛出处，而 TestException3 类中的 main 方法是最外层的方法调用处。

表 6-1 列出了一些常见的异常类型。现在只需要初步了解这些异常即可。在以后的编程中，要多注意系统报告的异常信息，根据异常类型来判断程序到底出了什么问题。

表 6-1　常见的异常类型

异　常	说　明
Exception	异常层次结构的根类
ArithmeticException	算术错误情形，如除数是 0
ArrayIndexOutOfBoundsException	数组小于或大于实际的数组大小，即数组越界
NullPointerException	尝试访问 null 对象成员
ClassNotFoundException	不能加载所需的类
InputMismatchException	欲得到的数据类型与实际输入的类型不匹配
IllegalArgumentException	方法接收到非法参数

(3) 如果 try 语句块在执行过程中碰到异常，而抛出的异常在 catch 语句块里面没有被声明，那么方法立刻退出。

例 3　修改一下例 2 中的代码，更换 catch 语句块中的异常类型，使之与 InputMismatchException 类型不匹配，如图 6-9 所示。

```java
package ch06;
import java.util.Scanner;
public class TestException4 {
    public static void main(String[] args) {
        System.out.print("请输入课程代号(1至3之间的数字):");
        Scanner in = new Scanner(System.in);
        try {
            int courseCode = in.nextInt();
            switch (courseCode) {
            case 1:
                System.out.println("C#编程");
                break;
            case 2:
                System.out.println("Java编程");
                break;
            case 3:
                System.out.println("SQL基础");
            }
        } catch (NullPointerException ex) {
            System.out.println("输入不为数字!");
        }
        System.out.println("欢迎提出建议!");
    }
}
```

图 6-9　例 3 代码

当我们在控制台输入"A"时，例 3 将抛出 InputMismatchException 类型的异常，由于这种类型的异常在 catch 块中没有被声明，程序将会中断运行不会输出"欢迎提出建议!"。注意：程序发生异常而被迫中断运行时，会在控制台输出异常堆栈信息，如图 6-10 所示。

```
请输入课程代号(1至3之间的数字):A
Exception in thread "main" java.util.InputMismatchException
        at java.util.Scanner.throwFor(Unknown Source)
        at java.util.Scanner.next(Unknown Source)
        at java.util.Scanner.nextInt(Unknown Source)
        at java.util.Scanner.nextInt(Unknown Source)
        at ch06.TestException4.main(TestException4.java:8)
```

图 6-10　程序异常中断

2) try...catch...finally 块

在 try...catch 语句块后加入 finally 块，可以确保无论是否发生异常，finally 块中的代码总是能被执行，如图 6-11 所示。

```java
1  package ch06;
2  import java.util.Scanner;
3  public class TestException5 {
4      public static void main(String[] args) {
5          System.out.print("请输入课程代号(1至3之间的数字):");
6          Scanner in = new Scanner(System.in);
7          try {
8              int courseCode = in.nextInt();
9              switch (courseCode) {
10             case 1:
11                 System.out.println("C#编程");
12                 break;
13             case 2:
14                 System.out.println("Java编程");
15                 break;
16             case 3:
17                 System.out.println("SQL基础");
18             }
19         } catch (Exception ex) {
20             System.out.println("输入不为数字!");
21         } finally {
22             System.out.println("欢迎提出建议!");
23         }
24     }
25 }
```

图 6-11　finally 语句的使用

try...catch...finally 程序块的执行流程大致分为两种情况:

(1) 如果 try 语句块中所有语句正常执行完毕,那么 finally 语句块就会被执行。例如:当我们在控制台输入"2"时,图 6-11 中的 try 语句块中的代码将正常执行,不会执行 catch语句块中的代码,但是 finally 语句块中的代码将被执行。输出结果如图 6-12 所示。

图 6-12　正常情况下的输出结果

(2) 如果 try 语句块在执行过程中碰到异常,无论这种异常能否被 catch 语句块捕获,都将执行 finally 语句块中的代码。例如:当我们在控制台输入"B"时,图 6-11 中的 try语句块将抛出异常,进入 catch 语句块,最后,finally 语句块中的代码将被执行。输出结果如图 6-13 所示。

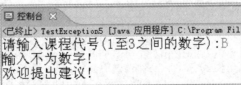

图 6-13　异常情况下的输出结果

3) 多重 catch 语句块

一段代码可能会引发多种类型的异常,这时,我们可以在一个 try 语句块后面跟多个catch 语句块,分别处理不同的异常。但排列顺序必须是从特殊到一般,最后一个一般都是Exception 类。

运行时，系统从上到下分别对每个 catch 语句块处理的异常类型进行检测，并执行第一个与异常类型匹配的 catch 语句。执行其中的一条 catch 语句之后，其后的 catch 语句将被忽略。匹配是指 catch 所处理的异常类型与所生成的异常类型完全一致或是它的超类。如果程序所产生的异常和所有的 catch 处理的异常都不匹配，则这个异常将由 Java 虚拟机捕获并处理，此时与不使用异常处理是一样的。

　　　　人的一生中不可能会一帆风顺，总会遇到一些挫折，关键是我们怎样去面对。一味抱怨、沮丧或者逃避，只会越来越糟糕。遇到困难用积极、冷静、主动的思维去思考问题，并适当地向别人寻求帮助，总会解决的。而且"凡事预则立，不预则废"，不论做什么事，事先有准备，就更容易得到成功。

任务 12 计算课程的平均课时

任务要求：根据各个学期的总学时与课程总数目，计算出张无忌各个课程的平均课时。要求在程序中使用多重 catch 块捕获各种可能出现的异常。运行效果如图 6-14 所示。

```
<已终止> getAvgHours [Java 应用程序] C:
请输入张无忌的总学时:270
请输入张无忌的课程数目:H
输入不为数字！
```
```
<已终止> getAvgHours [Java 应用程序] C:\P
请输入张无忌的总学时:270
请输入张无忌的课程数目:0
课程数目不能为零！
```
```
<已终止> getAvgHours [Java 应用程序] C:\Pro
请输入张无忌的总学时:270
请输入张无忌的课程数目:6
张无忌各课程的平均学时为:45
```

图 6-14 运行效果

任务分析：用 Scanner 类输入总学时和课程数目，要考虑的异常有 InputMismatchException 和 ArithmeticException。需要注意的是在使用多重 catch 块时，catch 块的排列顺序必须是从特殊到一般，最后一个一般都是 Exception 类。

任务实现：在 ch06 包下创建 Java 文件 getAvgHours.java，源代码如图 6-15 所示。

```java
package ch06;
import java.util.Scanner;

/** 根据总学时与课程总数目，计算出张无忌各个课程的平均课时。
 *  要求在程序中使用多重catch块捕获各种可能出现的异常。
 */
public class getAvgHours {
    public static void main(String[] args) {
        Scanner in = new Scanner(System.in);
        try{
            System.out.print("请输入张无忌的总学时:");
            int totalTime = in.nextInt(); //总学时
            System.out.print("请输入张无忌的课程数目:");
            int totalCourse = in.nextInt(); //课程数目
            System.out.println("张无忌各课程的平均学时为:" + totalTime / totalCourse);
        } catch (InputMismatchException e1) {
            System.out.println("输入不为数字！");
        } catch (ArithmeticException e2) {
            System.out.println("课程数目不能为零！");
        }catch (Exception e) {
            System.out.println("发生错误:"+e.getMessage());
        }
    }
}
```

图 6-15 任务 12 源代码

学习了异常处理，我们知道了在程序设计的时候要考虑代码的健壮性和可靠性。生活中平时也要加强锻炼，注意生活作息时间，切不可因为年轻就不善待自己的身体。如果程序崩溃了，再强大的功能也没用。如果没有了健康，再多钱再能干也没有意义。

知 识 要 点 二

1. 抛出异常

在前面讲述的异常处理中介绍了捕获异常的知识，大家可以想一想：既然我们可以捕获到各种类型的异常，那么，这些异常是在什么地方抛出的呢？

异常的抛出可以分为两大类：一类是由系统自动抛出(例 1)的；另一类则是通过关键字 throw 将异常对象显式地抛出。

在编程过程中，我们往往遇到这样的情形：在当前环境下有些问题是无法解决的，比如用户传入的参数错误、IO 设备出现问题等，此时，就要从当前环境跳出，把问题提交给上一级别的环境，也就是让调用者去解决这类问题。这时，往往就是需要我们抛出异常的地方。

在 Java 中，使用 throw 关键字来抛出异常，语法如下：

语法 throw new 异常类( );

例 4 抛出异常，代码如图 6-16 所示。抛出异常的原因在于：在当前环境下无法解决参数问题，因此通过抛出异常，把问题交给调用者去解决。接着，在调用的地方捕获该异常。运行结果如图 6-17 所示。

```java
1 package ch06;
2 public class TestException6 {
3
4     private String id;// 教师工号,长度应为10
5
6     public void setId(String id)
7     {
8         //判断教师工号的长度是否为10
9         if (id.length() == 10) {
10            this.id = id;
11        } else {
12            throw new IllegalArgumentException("参数长度应为10! ");
13        }
14    }
15
16    public static void main(String[] args) {
17        TestException6 teacher = new TestException6();
18        try {
19            teacher.setId("088");
20        } catch (IllegalArgumentException ex) {
21            System.out.println(ex.getMessage());
22        }
23    }
24 }
```

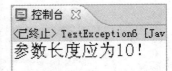

图 6-16 throw 抛出异常   图 6-17 运行效果

2. 声明异常

如果在一个方法体中抛出了异常，我们就希望调用者能够及时地捕获异常，那么如何通知调用者呢？Java 语言通过关键字 throws 声明某个方法可能抛出的各种异常，在如图

6-18 所示的代码中，为 TestException7 的 setId 方法声明了异常，这样，调用者就会做出相应的处理。运行结果如图 6-19 所示。

```java
1  package ch06;
2  public class TestException7 {
3
4      private String id;// 教师工号,长度应为10
5
6      public void setId(String id)throws IllegalArgumentException
7      {
8          //判断教师工号的长度是否为10
9          if (id.length() == 10) {
10             this.id = id;
11         } else {
12             throw new IllegalArgumentException("参数长度应为10！");
13         }
14     }
15
16     public static void main(String[] args) {
17         TestException7 teacher = new TestException7();
18         try {
19             teacher.setId("088");
20         } catch (IllegalArgumentException ex) {
21             System.out.println(ex.getMessage());
22         }
23     }
24 }
```

图 6-18　throws 声明异常　　　　　　　　　　图 6-19　运行结果

我们在 API 帮助文档里可以看到有很多方法有 throws 各种异常，例如读文件 FileReader 类中的部分方法，如图 6-20 所示。在调用这些方法的时候必须进行异常处理。

图 6-20　FileReader 类

3. 自定义异常类

Java 系统定义了有限的异常用以处理可以预见的、较为常见的运行错误，对于某个应用所特有的运行错误，有时则需要创建自己的异常类来处理特定的情况。用户自定义的异常类，只需继承一个已有的异常类就可以了，包括继承 Execption 类及其子类，或者继承已自定义好的异常类。如果没有特别说明，可以直接用 Execption 类作为父类。自定义异常类语法如下：

语法　class　异常类名　extends　　Exception {

......

}

自定义异常不能由系统自动抛出，只能在方法中通过 throw 关键字显式地抛出异常对象。

例 5　创建自定义的异常类，通过 throw 关键字抛出异常，代码如图 6-21 所示，运行效果如图 6-22 所示。

```java
package ch06;

public class TestMyExcetpion{
    public static void main(String[] args) {
        try{
            System.out.println("自定义异常测试");
            for(int i=0;i<10;i++){
                System.out.println(i);
                if(i>5)
                    throw new MyException(i);//抛出自定义异常
            }
        }catch (MyException e) {
            System.out.println("捕捉到异常:"+e);
        }
    }
}

//自定义异常类MyException
class MyException extends Exception {
    private int num;
    public MyException(int num){
        this.num = num;
    }
    public String toString(){
        return "这是我定义的异常类: "+num;
    }
}
```

图 6-21　例 5 代码

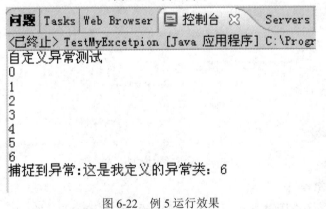

自定义异常测试
0
1
2
3
4
5
6
捕捉到异常:这是我定义的异常类：6

图 6-22　例 5 运行效果

任务 13　黄河水灾处理

任务要求："君不见黄河之水天上来，奔流到海不复回"，描述的是我们的母亲河——

黄河，但是壮观的河水有时也会引发灾害，为了减少灾害造成的损失，就要及时对灾害进行处理。用面向对象的编程方式描述这一自然现象。运行效果如图 6-23 所示。

```
□ 控制台 ⊗
<已终止> River [Java 应用程序] C:\Program Files
River  [当前水位=1.5, 警戒水位=3.0]
当前水位：1.5米，宁静的河流~
连续一星期暴雨中……
当前水位是4.5米，水位高于警戒线，有决堤风险！！
```

图 6-23　运行效果

任务分析：(1) 定义江河类 River；(2) 定义属性：警戒水位 int warning，当前水位 int current 及对应 setter/getter 方法；(水位：水面离河底的高度)(3) 定义流水方法 flow()，声明抛出异常，正常时输出"宁静的河流"，当前水位高出警戒水位 1m 时，抛出异常，异常信息是"有决堤风险"。

任务实现：在 ch06 包下创建 Java 文件 River.java，源代码如图 6-24 所示。

```java
package ch06;
public class River {
    private double warning;  // 警戒水位
    private double current;  // 当前水位

    @Override
    public String toString() {
        return "River [当前水位=" + current + ", 警戒水位=" + warning + "]";
    }

    //流水方法
    public void flow() throws Exception {
        if ((current - warning) > 1 ) { // 水位高出警戒水位1米时，抛出异常
            throw new Exception("当前水位是"+current+"米,水位高于警戒线,有决堤风险！！");
        } else {
            System.out.println("当前水位："+current+"米,宁静的河流~");
        }
    }

    public double getWarning() {
        return warning;
    }

    public void setWarning(double warning) {
        this.warning = warning;
    }

    public double getCurrent() {
        return current;
    }

    public void setCurrent(double current) {
        this.current = current;
    }
    public static void main(String[] args) {
        River YellowRiver = new River();
        YellowRiver.setCurrent(1.5);
        YellowRiver.setWarning(3);
        System.out.println(YellowRiver);
        try {
            YellowRiver.flow();
            System.out.println("连续一星期暴雨中……");
            YellowRiver.setCurrent(4.5);
            YellowRiver.flow();
        } catch (Exception e) {
            System.out.println(e.getMessage());
        }
    }
}
```

图 6-24　任务 13 源代码

实 战 练 习

1. 编写能产生 ArrayIndexOutOfBoundsException(数组越界)异常的代码，并将其捕获，在控制台上输出异常信息。源文件(Exe1.java)存储在 ch06 包中。

2. 定义一个类 Exe2，包含成员变量 a，b，c 代表三角形边长。方法 void triangle()，判断三个变量是否能构成一个三角形。如果不能则抛出异常 Exception，显示异常信息："不能构成三角形"；如果可以则显示"可以构成三角形"。在主方法中得到命令行输入的三个整数，调用此方法，并捕获异常(注：三角形任意两边之和大于第三边)。源文件(Exe2.java)存储在 ch06 包中，运行效果如图 6-25 所示。

```
□ 控制台 ×
<已终止> Exe2 (1) [Java 应用程序] C:\Pro
请输入三角形三条边长：
1 3 5
三角形：[a=1.0, b=3.0, c=5.0]
不能构成三角形！
```

图 6-25　实战练习 2 运行效果

6-3　实战练习 1 参考答案

6-4　实战练习 2 参考答案

项目 7　仿 Windows 计算器界面

工作任务

➢ 实现仿 Windows 计算器的界面。

能力目标

➢ 了解 Swing 组件。
➢ 掌握常用窗体的使用：JFrame。
➢ 掌握常用面板的使用：JPanel。
➢ 掌握常用组件(文本组件、按钮组件、列表组件)的创建和添加。
➢ 掌握常用布局管理器。

项 目 综 述

张无忌跑去跟 Java 老师提意见，说："一直都是在做字符界面程序，不好玩，什么时候能实现图形用户界面啊？" Java 老师说："那你回去做个如图 7-1 所示的仿 Windows 计算器吧。"这回张无忌傻眼了……

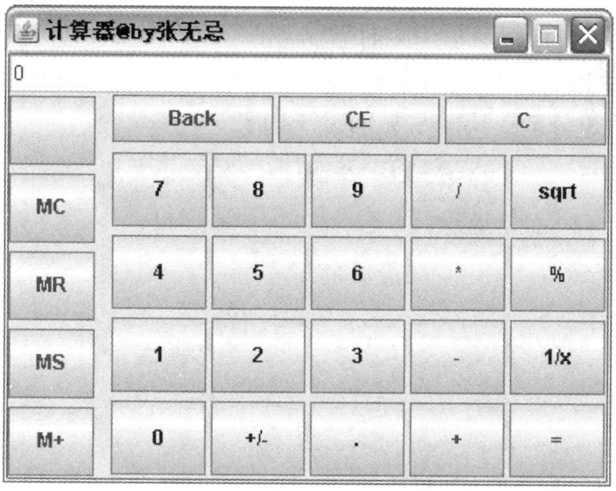

图 7-1　仿 Windows 计算器

知 识 要 点

1. Swing 概述

7-1　Java GUI 技术

Swing 是 GUI(图形用户界面)开发工具包,在 AWT(抽象窗口工具包)的基础上并使开发跨平台的 Java 应用程序界面成为可能,早期的 AWT 组件开发的图形用户界面,要依赖于本地系统,当把 AWT 组件开发的应用程序移植到其他平台的系统上运行时,不能保证其外观风格的一致,因为 AWT 组件是依赖于本地系统平台的。

使用 Swing 开发的 Java 应用程序,其界面是不受本地系统平台限制的,也就是说 Swing 开发的 Java 应用程序移植到其他系统平台上时,其界面外观是不会改变的,因为 Swing 组件内部提供了相应的用户界面,而这些用户界面是纯 Java 语言编写的而不依赖于本地系统平台,所以 Swing 开发的应用程序可以方便地移植。

2. JFrame 框架窗口

Java 图形用户界面中最基本的组成元素就是组件,组件的作用就是描述以图形化的方式显示在屏幕上并能与用户进行交互的 GUI 元素,例如按钮、文本框等。一般的组件是不能独立地显示出来的,必须依赖于容器才能显示。容器是一种比较特殊的组件,它可以包含其他的组件,也可以包含容器,称为容器的嵌套。Swing 中的容器包括顶层容器和中间容器。

顶层容器是可以独立存在的容器,可以把它看成一个窗口。在 Swing 中,顶层容器主要有三种,分别是 JFrame(框架窗口)、JDialog(对话框)和 JApplet(用于设计嵌入在网页中的 Java 小程序)。

在开发应用程序时可以通过继承 javax.swing.JFrame 类创建一个窗口,在这个窗口中添加组件,同时为组件设置事件。由于该窗口继承了 JFrame 类,所以它拥有一些最大化、最小化、关闭的按钮。

例 1　创建一个应用程序窗口,运行效果如图 7-2 所示,代码如图 7-3 所示。

继承自 JFrame 类的窗口默认大小是 0,并且不可见,我们可以通过继承父类提供的一些常用的方法来控制和修饰窗口。常见的方法如表 7-1 所示。

图 7-2　例 1 运行效果

表 7-1 JFrame 类常用的方法

常用构造函数及方法	用 途
JFrame()	创建一个初始时不可见的新窗口
JFrame(String title)	创建一个初始时不可见、具有指定标题的新窗口
void setLayout(LayoutManager mgr)	设置窗口的布局管理器
void setTitle(String title)	设置窗口标题栏显示的标题
void setVisible(boolean b)	设置窗口可见或隐藏
void setSize(int width, int height)	设置窗口的大小
void setDefaultCloseOperation(int opera)	设置用户在窗口上单击"关闭"时执行的操作

```java
package ch07;

import javax.swing.*;

public class JFrameDemo1 extends JFrame {
    //在构造方法里对窗口进行修饰
    public JFrameDemo1() {

        super("我的第一个窗口");//调用父类的构造方法，设置窗口的标题
        setLocation(300, 300);  //设置窗口显示位置，坐标（300,300）处
        setSize(250, 200);      //设置窗口大小250*200
        setResizable(false);    //设置窗口大小不可调整

        setDefaultCloseOperation(EXIT_ON_CLOSE);  // 设置退出应用程序，同时关闭窗口
        setVisible(true);       //设置窗口可见
    }

    public static void main(String args[]) {
        new JFrameDemo1(); //创建JFrameDemo1窗口对象
    }
}
```

图 7-3 例 1 代码

每个顶层容器都有一个内容窗格(content pane)，一般情况下，这个内容窗格会包含(直接或间接地)所有顶层容器 GUI 的可视组件。图 7-4 展示了 JFrame 窗口的层次结构，包括绿色的菜单(空菜单)位置，还有一个巨大的黄色区域即内容窗格。我们可以在内容窗格上添加各种组件，如标签 JLabel、按钮 JButton、文本框 JTextField 等。

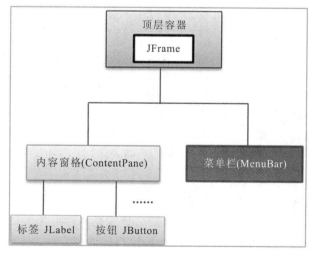

图 7-4 JFrame 层次结构

3. 标签 JLabel 组件

标签由 JLabel 类定义，它的父类为 JComponent 类。

标签可以显示一行只读文本、一个图像或带图像的文本，它并不能产生任何类型的事件，只是简单地显示文本和图片，但是可以使用标签的特性指定标签上文本的对齐方式。

JLabel 类提供了多种构造方法，这样可以创建多种标签，如显示只有文本的标签、只有图标的标签或是包含文本与图标的标签。JLabel 类常用的构造方法如图 7-5 所示。

构造方法摘要
JLabel()   　　创建无图像并且其标题为空字符串的 JLabel。
JLabel(Icon image)   　　创建具有指定图像的 JLabel 实例。
JLabel(Icon image, int horizontalAlignment)   　　创建具有指定图像和水平对齐方式的 JLabel 实例。
JLabel(String text)   　　创建具有指定文本的 JLabel 实例。
JLabel(String text, Icon icon, int horizontalAlignment)   　　创建具有指定文本、图像和水平对齐方式的 JLabel 实例。
JLabel(String text, int horizontalAlignment)   　　创建具有指定文本和水平对齐方式的 JLabel 实例。

图 7-5　JLabel 类常用的构造方法

例 2　创建两个文本标签，效果如图 7-6 所示，代码如图 7-7 所示。

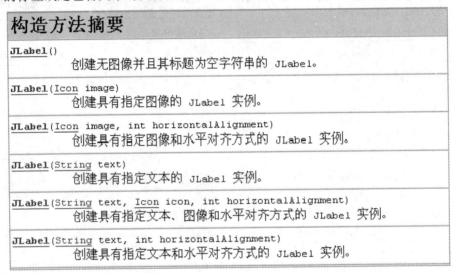

```java
package ch07;

import java.awt.BorderLayout;
import java.awt.Container;
import javax.swing.*;

public class JLabelDemo1 extends JFrame {
    private JLabel bq1;      //定义标签1
    private JLabel bq2;      //定义标签2

    //在构造方法里对窗口进行修饰
    public JLabelDemo1() {

        super("文本标签示例");    //调用父类的构造方法，设置窗口的标题
        setLocation(300, 300);    //设置窗口显示位置，坐标（300,300）处
        setSize(200, 100);        //设置窗口大小200*100
        setResizable(false);      //设置窗口大小不可调整
        setDefaultCloseOperation(EXIT_ON_CLOSE); // 设置退出应用程序，同时关闭窗口

        bq1 = new JLabel("欢迎使用标签！");   //创建标签1
        bq2 = new JLabel("张无忌正在学习GUI编程！");  //创建标签2
        Container c = getContentPane(); //得到当前窗口的内容窗格
        c.add(BorderLayout.NORTH, bq1); //把标签1加在内容窗格的北边
        c.add(BorderLayout.SOUTH, bq2); //把标签2加在内容窗格的南边

        setVisible(true);         //设置窗口可见
    }

    public static void main(String args[]) {
        new JLabelDemo1(); //创建JLabelDemo1窗口对象
    }
}
```

图 7-6　文本标签示例效果图　　　　　　　　　图 7-7　文本标签示例代码

前面说过，JFrame 中我们必须把各种组件添加到内容窗格里，用 public Container getContentPane()方法可以返回窗口的内容窗格，然后用 add()方法将标签添加到内容窗格上，这里 BorderLayout.North 表示边界布局的北边，BorderLayout.South 表示边界布局的

南边。

例 3 使用图片的标签在窗口中添加一张图片，再使用文字标签为图片添加说明。运行结果如图 7-8 所示，代码如图 7-9 所示。

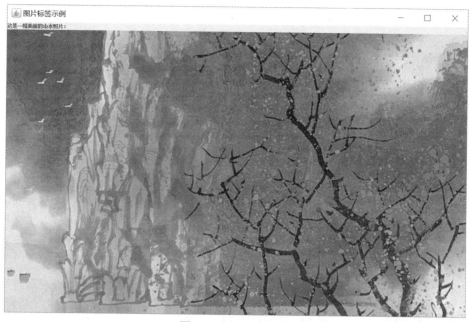

图 7-8 例 3 运行结果

```
1  package ch07;
2
3  import java.awt.BorderLayout;
8
9  public class JLabelDemo2 extends JFrame {
10     private JLabel bq1;   //定义标签1
11     private JLabel bq2;   //定义标签2
12
13     //在构造方法里对窗口进行修饰
14     public JLabelDemo2() {
15
16         setTitle("图片标签示例");   //设置窗口的标题
17         setDefaultCloseOperation(EXIT_ON_CLOSE);   // 设置退出应用程序，同时关闭窗口
18
19         bq1 = new JLabel("这是一幅美丽的山水照片；");   //创建文本标签1
20         URL url = JLabelDemo2.class.getResource("pic.jpg");   //获得图片的URL D:/workspace/08zwj/bin/ch07/pic.jpg
21         Icon icon = new ImageIcon(url);   //通过url创建图标
22         bq2 = new JLabel(icon);   //根据图标创建图片标签2
23
24         Container c = getContentPane();   //得到当前窗口的内容窗格
25         c.add(BorderLayout.NORTH, bq1);   //把标签1加在内容窗格的北边
26         c.add(BorderLayout.CENTER, bq2);   //把标签2加在内容窗格的中间
27         pack();                //调整此窗口的大小，以适合其子组件的首选大小和布局。
28         setVisible(true);      //设置窗口可见
29     }
30
31     public static void main(String args[]) {
32         new JLabelDemo2();   //创建JLabelDemo1窗口对象
33     }
34 }
```

图 7-9 例 3 代码

Swing 利用 javax.swing.ImageIcon 类根据现有图片创建图标。

注意 java.lang.Class 类中的 getResource()方法可以获取资源文件的 URL 路径。图片文件与类文件放在同一个文件夹下，例 3 中的图片 pic.jpg 存储在 08zwj\src\ch07\下。

4. 常用布局管理器

在 Swing 中，每个组件在容器中都有一个具体的位置和大小，在容器中摆放各种组件时很难判断其具体位置和大小。布局管理器提供了为 Swing 组件如何在容器中显示的方法，它提供了基本的布局功能。每个容器都有一个布局管理器，容器中组件的大小和定位都由其决定。当容器需要对某个组件进行定位时，就

7-2　Java 常用布局管理器

会调用其对应的布局管理器。常用的布局管理有 java.awt 包中定义的 FlowLayout(流式布局)、BorderLayout(边界布局)和 GridLayout(网格布局)。

当一个容器被创建后，它们有默认的布局管理器。其中，JFrame 和 JDialog 的默认布局管理器是 BorderLayout；JPanel 和 JApplet 的默认布局管理器是 FlowLayout。程序设计中可以通过 setLayout()方法重新设置容器的布局管理器。

1) 流布局管理器(FlowLayout)

流布局管理器是布局管理器中最基本的布局管理器。流布局管理器在整个容器中的布局正如其名，像"流"一样从左到右摆放组件，直到占据了这一行的所有空间，然后再向下移动一行。默认情况下，组件在每一行上都是居中排列的，但是通过设置也可以更改组件在每一行上的排列位置。

FlowLayout 类常用的构造方法如图 7-10 所示。构造方法中的 align 参数表示使用流布局管理器后组件在每一行的具体摆放位置，其值可以是 FlowLayout.LEFT(左对齐)、FlowLayout.RIGHT(右对齐)、FlowLayout.CENTER(居中对齐)、FlowLayout.LEADING 或 FlowLayout.TRAILING。

构造方法摘要

FlowLayout()
　　构造一个新的 FlowLayout，居中对齐，默认的水平和垂直间隙是 5 个单位。

FlowLayout(int align)
　　构造一个新的 FlowLayout，对齐方式是指定的，默认的水平和垂直间隙是 5 个单位。

FlowLayout(int align, int hgap, int vgap)
　　创建一个新的流布局管理器，具有指定的对齐方式以及指定的水平和垂直间隙。

图 7-10　FlowLayout 构造方法

例 4　使用流布局管理器，并在窗口上添加 10 个按钮，运行结果如图 7-11 所示，代码如图 7-12 所示。在此例中，首先将容器的布局管理器设置为 FlowLayout，然后在窗口上添加按钮组件。

图 7-11　例 4 运行结果

```
FlowLayoutDemo.java 
 1  package ch07;
 2
 3  import java.awt.Container;
 4  import java.awt.FlowLayout;
 5
 6  import javax.swing.*;
 7
 8  public class FlowLayoutDemo extends JFrame {
 9      //在构造方法里对窗口进行修饰
10      public FlowLayoutDemo() {
11
12          super("流布局管理器示例");    //调用父类的构造方法，设置窗口的标题
13          setLocation(300, 300);    //设置窗口显示位置，坐标（300,300）处
14          setSize(250, 250);        //设置窗口大小250*250
15          setDefaultCloseOperation(EXIT_ON_CLOSE);  // 设置退出应用程序，同时关闭窗口
16
17          Container c = getContentPane(); //得到当前窗口的内容窗格
18          //设置窗口使用流布局管理器，使组件右对齐，并且设置组件之间的水平间距与垂直间距为10
19          setLayout(new FlowLayout(FlowLayout.RIGHT, 10, 10));
20
21          for(int i=0;i<10;i++) {    //在内容窗格里循环添加10个按钮
22              c.add(new JButton("button"+i));
23          }
24          setVisible(true);          //设置窗口可见
25      }
26
27      public static void main(String args[]) {
28          new FlowLayoutDemo();      //创建FlowLayoutDemo窗口对象
29      }
30  }
```

图 7-12 例 4 代码

从本例的运行结果中可以看到，如果改变整个窗口的大小，相应地其中组件的摆放位置也会发生变化，这正好验证了使用流布局管理器时组件从左到右摆放，当组件填满一行后，将自动换行，直到所有的组件都摆放在容器中为止。

2) 边界布局管理器(BorderLayout)

创建 JFrame 窗口后，默认的布局模式是边界布局管理器。例如在例 2 和例 3 中，我们在容器中添加标签组件时，设定了组件的位置 c.add(BorderLayout.NORTH, bq1)。BorderLayout 包括五个区域：北(North)、南(South)、东(East)、西(West)和中(Center)，其方位依据上北下南左西右东而定。添加组件时，若没有指明放置位置，则表明为默认的"Center"方位。当容器的尺寸发生变化时，各组件的相对位置不变，但中间部分组件的尺寸会发生变化，南北组件的高度不变，东西组件的宽度不变。

例 5 创建一个 JFrame，在容器的东南西北中区域添加 5 个按钮，运行效果如图 7-13 所示，代码如图 7-14 所示。

图 7-13 例 5 运行效果

```
[J] BorderLayoutDemo.java ⊠
 1  package ch07;
 2
 3⊕ import java.awt.BorderLayout;□
 8
 9  public class BorderLayoutDemo extends JFrame {
10
11⊕    String[] bj={BorderLayout.NORTH, BorderLayout.SOUTH, BorderLayout.EAST,
12         BorderLayout.WEST, BorderLayout.CENTER};    //组件摆放位置的数组
13
14     String[] name={"北按钮","南按钮","东按钮","西按钮","中间按钮"}; //组件名称数组
15
16     //JFrame默认就是边界布局管理器
17⊕    public BorderLayoutDemo() {
18
19         super("边界布局管理器示例"); //调用父类的构造方法，设置窗口的标题
20         setLocation(300, 300);    //设置窗口显示位置，坐标（300,300）处
21         setSize(250, 250);        //设置窗口大小250*250
22         setDefaultCloseOperation(EXIT_ON_CLOSE);  // 设置退出应用程序，同时关闭窗口
23
24         Container c = getContentPane(); //得到当前窗口的内容窗格
25         for(int i=0;i<bj.length;i++) {  //在内容窗格里循环添加按钮
26             c.add(bj[i],new JButton(name[i]));
27         }
28         setVisible(true);         //设置窗口可见
29     }
30
31⊕    public static void main(String args[]) {
32         new BorderLayoutDemo();  //创建BorderLayoutDemo窗口对象
33     }
34 }
```

图 7-14　例 5 代码

在本例中将布局及按钮名称分别放置在数组中，然后得到内容窗格，最后在循环中将按钮添加至容器中，并设置组件布局。add()方法提供在容器中添加组件的功能，并同时设置组件的摆放位置。因为 JFrame 的默认布局是边界布局管理器，所以此例中并没有设置容器的布局管理器。

3）网格布局管理器(GridLayout)

GridLayout 将容器划分为网格，所以组件可以按行和列排列。在网格布局管理器中，每一个组件的大小都相同，并且网格中的空格的个数由网格的行数和列数决定，例如一个两行两列的网格能产生 4 个大小相等的网格。组件从网格的左上角开始，按照从左到右、从上到下的顺序加入到网格中，而且每一个组件都会填满整个网格，改变窗体的大小，组件也会随之改变大小。

网格布局管理器的构造方法如图 7-15 所示。在这些构造方法里，rows 与 cols 参数代表网格的行数与列数，这两个参数只有一个参数可以为 0，代表一行或一列可以排列任意多个组件；参数 hgap 和 vgap 指定网格之间的水平间距和垂直间距。

构造方法摘要
GridLayout() 　　创建具有默认值的网格布局，即每个组件占据一行一列。
GridLayout(int rows, int cols) 　　创建具有指定行数和列数的网格布局。
GridLayout(int rows, int cols, int hgap, int vgap) 　　创建具有指定行数和列数的网格布局。

图 7-15　GridLayout 的构造方法

　　例 6　创建一个 JFrame 窗口，设置该窗口使用 GridLayout 布局管理器，并添加多个按钮，运行效果如图 7-16 所示，代码如图 7-17 所示。

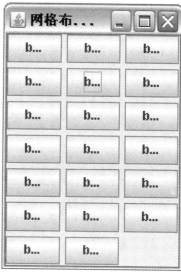

图 7-16　例 6 运行效果

```
J GridLayoutDemo.java ✕
1  package ch07;
2
3  import java.awt.Container;
4  import java.awt.GridLayout;
5  import javax.swing.*;
6
7  public class GridLayoutDemo extends JFrame {
8
9      public GridLayoutDemo() {
10
11         super("网格布局管理器示例");  //调用父类的构造方法，设置窗口的标题
12         setLocation(300, 300);    //设置窗口显示位置，坐标（300,300）处
13         setSize(300, 300);        //设置窗口大小250*250
14         setDefaultCloseOperation(EXIT_ON_CLOSE);  // 设置退出应用程序，同时关闭窗口
15
16         Container c = getContentPane(); //得到当前窗口的内容窗格
17         //设置窗口使用网格布局管理器，设置7行3列的网格
18         setLayout(new GridLayout(7, 3, 5, 5));
19         for(int i=0;i<20;i++) {  //在内容窗格里循环添加按钮
20             c.add(new JButton("button"+i));
21         }
22         setVisible(true);        //设置窗口可见
23     }
24
25     public static void main(String args[]) {
26         new GridLayoutDemo();  //创建GridLayoutDemo窗口对象
27     }
28  }
```

图 7-17　例 6 代码

　　简单布局管理还有 CardLayout(卡片布局)、绝对布局等，复杂布局管理器有 GridBagLayout (网格包布局)和 BoxLayout(盒式布局)。感兴趣的同学可以查阅 API 帮助文档。

5. 常用中间容器

　　使用中间容器结合布局管理器，通过容器的嵌套使用，可以实现对窗口的复杂布局。Swing 中常用的中间容器包括 JPanel 面板和 JScrollPane 面板。

7-3　常用中间容器

1) JPanel 面板

JPanel 类在 Java 里属于中间容器，本身也属于一个轻量级容器组件。由于 JPanel 类透明且没有边框，因此不能作为顶层容器，不能独立显示。它的作用就在于放置 Swing 轻量级组件，然后作为整体安置在顶层容器中。

JPanel 的默认布局是流布局管理器。

例 7　创建一个 JFrame 窗口，在该窗口中添加 4 个 JPanel 面板，分别在这 4 个面板中添加多个按钮，效果如图 7-18 所示，代码如图 7-19 所示。

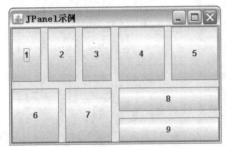 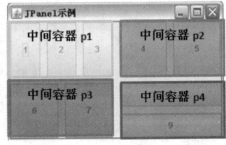

图 7-18　例 7 效果图(右图为层次结构)

```java
 1  package ch07;
 2
 3  import java.awt.Container;
 4  import java.awt.GridLayout;
 5  import javax.swing.*;
 6
 7  public class JPanelDemo extends JFrame {
 8      JPanel p1, p2, p3, p4;        //定义4个JPanel面板
 9      public JPanelDemo() {
10
11          setTitle("JPanel示例");  //设置窗口的标题
12          setLocation(300, 300);   //设置窗口显示位置，坐标（300,300）处
13          setSize(320, 200);       //设置窗口大小300*200
14          setDefaultCloseOperation(EXIT_ON_CLOSE);  // 设置退出应用程序，同时关闭窗口
15
16          Container c = getContentPane();
17          setLayout(new GridLayout(2, 2, 10, 10));          //将当前窗口设置为网格布局管理，网格为2行2列，水平垂直间距都是10
18          p1 = new JPanel(new GridLayout(1, 3, 10, 10));    //新建一个JPanel面板p1，其布局为网格布局，1行3列，水平垂直间距都是10
19          p2 = new JPanel(new GridLayout(1, 2, 10, 10));    //新建一个JPanel面板p2，其布局为网格布局，1行2列，水平垂直间距都是10
20          p3 = new JPanel(new GridLayout(1, 2, 10, 10));    //新建一个JPanel面板p3，其布局为网格布局，1行2列，水平垂直间距都是10
21          p4 = new JPanel(new GridLayout(2, 1, 10, 10));    //新建一个JPanel面板p4，其布局为网格布局，2行1列，水平垂直间距都是10
22
23          p1.add(new JButton("1"));     //将名称为"1"的按钮添加到中间容器p1上
24          p1.add(new JButton("2"));
25          p1.add(new JButton("3"));
26          p2.add(new JButton("4"));     //将名称为"4"的按钮添加到中间容器p2上
27          p2.add(new JButton("5"));
28          p3.add(new JButton("6"));     //将名称为"6"的按钮添加到中间容器p3上
29          p3.add(new JButton("7"));
30          p4.add(new JButton("8"));     //将名称为"8"的按钮添加到中间容器p4上
31          p4.add(new JButton("9"));
32
33          c.add(p1);      //将中间容器p1添加到内容窗格上
34          c.add(p2);
35          c.add(p3);
36          c.add(p4);
37          setVisible(true);    //设置窗口可见
38      }
39
40      public static void main(String args[]) {
41          new JPanelDemo();   //创建JPanelDemo窗口对象
42      }
43  }
```

图 7-19　例 7 代码

2) JScrollPane 面板

在设置界面时，可能会遇到一个较小的容器窗体中显示一个较大部分内容的情况，这时可以使用 JScrollPane 面板。JScrollPane 面板是带滚动条的面板，它也是一种容器，但是 JScrollPane 只能放置一个组件，并且不可以使用布局管理器。如果需要在 JScrollPane 面板中放置多个组件，需要将多个组件放置在 JPanel 面板上，然后将 JPanel 面板作为一个整体组件添加在 JScrollPane 面板上。

例 8 修改例 3，将图片标签放在 JScrollPane 面板上，运行效果如图 7-20 所示，代码如图 7-21 所示。

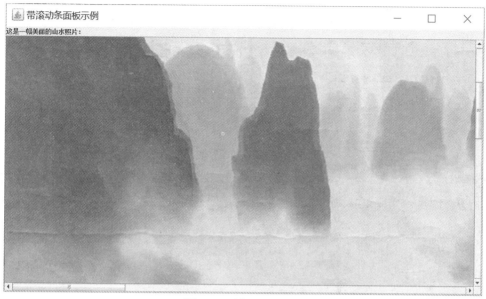

图 7-20 例 8 运行效果

从代码中可以看到，当创建带滚动条的面板时，需要将标签加入面板中，然后再将带滚动条的面板放置在内容窗格中。

```java
package ch07;
import java.awt.BorderLayout;
import java.awt.Container;
import java.net.URL;
import javax.swing.*;

public class JScrollPaneDemo extends JFrame {
    private JLabel bq1;    //定义标签1
    private JLabel bq2;    //定义标签2

    public JScrollPaneDemo() {
        setTitle("带滚动条面板示例");    //设置窗口的标题
        setDefaultCloseOperation(EXIT_ON_CLOSE);  // 设置退出应用程序，同时关闭窗口
        setSize(250, 200);

        bq1 = new JLabel("这是一幅美丽的山水照片：");    //创建文本标签1
        URL url = JScrollPaneDemo.class.getResource("pic.jpg"); //获得图片的URL D:/workspace/08zwj/bin/ch07/pic.jpg
        Icon icon = new ImageIcon(url);  //通过url创建图标
        bq2 = new JLabel(icon);  //根据图标创建图片标签2
        JScrollPane scroll = new JScrollPane(bq2);  //创建JScrollPane面板对象
        Container c = getContentPane();  //得到当前窗口的内容窗格
        c.add(BorderLayout.NORTH, bq1);  //把标签1加在内容窗格的北边
        c.add(BorderLayout.CENTER, scroll);  //把中间面板加在内容窗格的中间

        setLocationRelativeTo(null);  // 设置窗口位置居中
        setVisible(true);    //设置窗口可见
    }

    public static void main(String args[]) {
        new JScrollPaneDemo();  //创建JScrollPaneDemo窗口对象
    }
}
```

图 7-21 例 8 代码

6. 按钮组件

按钮在 Swing 中是较为常见的组件，它用于触发特定动作。Swing 中提供了很多按钮，包括提交按钮、复选框、单选按钮等，这些按钮都是从 AbstractButton 类中继承而来的。

7-4 常用组件

1) 提交按钮组件(JButton)

Swing 中的提交按钮由 JButton 对象表示，其构造方法如图 7-22 所示。

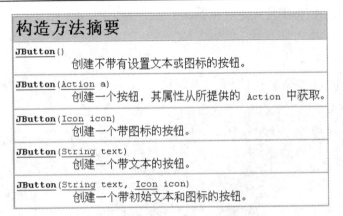

图 7-22　JButton 构造方法

例 9　创建一个带文本和图标的按钮，运行效果如图 7-23 所示，代码如图 7-24 所示。

图 7-23　例 9 运行效果

```
JButtonDemo.java

 1  package ch07;
 2
 3  import java.awt.BorderLayout;
 4  import java.awt.Container;
 5  import java.net.URL;
 6  import javax.swing.*;
 7
 8  public class JButtonDemo extends JFrame {
 9
10      private JButton btn;        //定义按钮btn
11      public JButtonDemo() {
12
13          super("按钮示例");  //调用父类的构造方法，设置窗口的标题
14          setLocation(300, 300);  //设置窗口显示位置，坐标（300,300）处
15          setSize(250, 100);       //设置窗口大小250*100
16
17          URL url = JButtonDemo.class.getResource("pic2.jpg");
18          Icon icon = new ImageIcon(url);
19          btn = new JButton("单击播放", icon); //创建一个带文本"单击播放"和图标的按钮
20          Container c = getContentPane();   //得到当前窗口的内容窗格
21          c.add(BorderLayout.NORTH, btn);   //将按钮添加到内容窗格的北边
22
23          setDefaultCloseOperation(EXIT_ON_CLOSE);  // 设置退出应用程序,同时关闭窗口
24          setVisible(true);        //设置窗口可见
25      }
26
27      public static void main(String args[]) {
28          new JButtonDemo(); //创建JButtonDemo窗口对象
29      }
30  }
```

图 7-24　例 9 代码

2) 单选按钮组件(JRadioButton)

默认情况下，单选按钮(JRadioButton)显示一个圆形图标，并且通常在该图标旁放置一些说明性文字，而在应用程序中，一般将多个单选按钮放置在按钮组中，使这些单选按钮实现唯一被选性，即当用户选中某个单选按钮后，按钮组中其他按钮将被自动取消。JRadioButton 类的构造方法如图 7-25 所示。初始化单选按钮时，同时设置单选按钮的图标、文字以及默认是否被选中等属性。

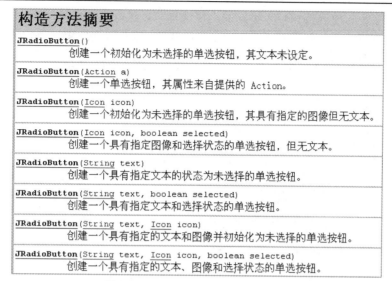

构造方法摘要
JRadioButton() 　　　创建一个初始化为未选择的单选按钮，其文本未设定。
JRadioButton(Action a) 　　　创建一个单选按钮，其属性来自提供的 Action。
JRadioButton(Icon icon) 　　　创建一个初始化为未选择的单选按钮，其具有指定的图像但无文本。
JRadioButton(Icon icon, boolean selected) 　　　创建一个具有指定图像和选择状态的单选按钮，但无文本。
JRadioButton(String text) 　　　创建一个具有指定文本的状态为未选择的单选按钮。
JRadioButton(String text, boolean selected) 　　　创建一个具有指定文本和选择状态的单选按钮。
JRadioButton(String text, Icon icon) 　　　创建一个具有指定的文本和图像并初始化为未选择的单选按钮。
JRadioButton(String text, Icon icon, boolean selected) 　　　创建一个具有指定的文本、图像和选择状态的单选按钮。

图 7-25　JRadioButton 类的构造方法

例 10　创建一组单选按钮，用以选择性别，运行结果如图 7-26 所示，代码如图 7-27 所示。

图 7-26　例 10 运行效果

```java
package ch07;
import java.awt.Container;
import java.awt.FlowLayout;
import javax.swing.*;

public class JRadioBtnDemo extends JFrame {

    private JRadioButton btn1,btn2;      //定义单选按钮btn1, btn2
    private JLabel label;
    public JRadioBtnDemo() {

        super("单选按钮示例");    //调用父类的构造方法，设置窗口的标题
        setLocation(300, 300);   //设置窗口显示位置，坐标（300,300）处
        setSize(250, 100);       //设置窗口大小250*100

        label = new JLabel("性别：");   //创建标签"性别"
        btn1 = new JRadioButton("男",true); //创建一个单选按钮，文字是"男"，true表示默认选中
        btn2 = new JRadioButton("女");  //创建一个单选按钮，文字是"女"
        ButtonGroup btnGroup = new ButtonGroup();  //创建一个按钮组
        btnGroup.add(btn1);          //将单选按钮添加到按钮组中
        btnGroup.add(btn2);
        Container c = getContentPane();  //得到当前窗口的内容窗格
        setLayout(new FlowLayout());     //设置为流布局管理器
        c.add(label);   //将标签添加到内容窗格上
        c.add(btn1);    //将单选按钮添加到内容窗格上
        c.add(btn2);

        setDefaultCloseOperation(EXIT_ON_CLOSE); // 设置退出应用程序，同时关闭窗口
        setVisible(true);     //设置窗口可见
    }
    public static void main(String args[]) {
        new JRadioBtnDemo(); //创建JRadioBtnDemo窗口对象
    }
}
```

图 7-27　例 10 代码

从图 7-27 中可以看到，实质上单选按钮与提交按钮的用法基本类似，只是实例化单选按钮对象后需要将其添加至按钮组 ButtonGroup 中。加在同一个 ButtonGroup 中的单选按钮为一组，以便实现这些单选按钮只有其中一个起作用。

3) 复选框组件(JCheckBox)

复选框组件(JCheckBox)在 Swing 组件中使用也非常广泛，它具有一个方块图标，外加

一段描述性文字。与单选按钮唯一不同的是复选框可以进行多选设置，每一个复选框都提供"选中"与"不选中"两种状态。JCheckBox 的常用构造方法如图 7-28 所示。

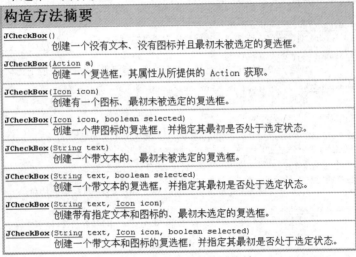

图 7-28　JCheckBox 构造方法

复选框与其他按钮设置类似，除了可以在初始化时设置图标之外还可以设置复选框的文字是否被选中。

　　例 11　创建多个复选框，进行兴趣爱好选择，运行效果如图 7-29 所示，代码如图 7-30 所示。

图 7-29　例 11 运行效果

```java
1 package ch07;
2 import java.awt.Container;
3 import java.awt.FlowLayout;
4 import javax.swing.*;
5
6 public class JCheckBoxDemo extends JFrame {
7
8     private JCheckBox xq1, xq2, xq3, xq4;          //定义复选框xq1,xq2,xq3,xq4
9     private JLabel label;
10    public JCheckBoxDemo() {
11
12        super("复选框示例");        //调用父类的构造方法,设置窗口的标题
13        setLocation(300, 300);      //设置窗口显示位置,坐标(300,300)处
14        setSize(400, 100);          //设置窗口大小400*100
15
16        label = new JLabel("您的兴趣爱好：");       //创建标签"兴趣爱好"
17        xq1 = new JCheckBox("画画",true); //创建一个复选框,文字是"画画",true表示默认选中
18        xq2 = new JCheckBox("音乐");
19        xq3 = new JCheckBox("乒乓球");
20        xq4 = new JCheckBox("登山");
21        Container c = getContentPane(); //得到当前窗口的内容窗格
22        setLayout(new FlowLayout());    //设置为流布局管理器
23        c.add(label);   //将标签添加到内容窗格上
24        c.add(xq1);     //将复选框添加到内容窗格上
25        c.add(xq2);
26        c.add(xq3);
27        c.add(xq4);
28
29        setDefaultCloseOperation(EXIT_ON_CLOSE);  // 设置退出应用程序,同时关闭窗口
30        setVisible(true);    //设置窗口可见
31    }
32    public static void main(String args[]) {
33        new JCheckBoxDemo();  //创建JCheckBoxDemo窗口对象
34    }
35 }
```

图 7-30　例 11 代码

7. 文本组件

文本组件在现实项目开发中使用最为广泛，尤其是文本框组件与密码框组件，通过文本组件可以很轻松地处理单行文字、多行文字、口令字段。

1) 文本框组件(JTextField)

文本框组件(JTextField)用来显示或编辑一个单行文本，其构造方法如图 7-31 所示。从图 7-31 中可以看出，定义 JTextField 组件很简单，可以在初始化文本框时设置文本框的默认文字、文本框的长度等。

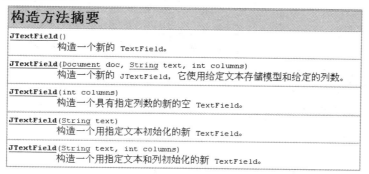

图 7-31 JTextField 构造方法

例 12 创建一个用户名文本框，运行效果如图 7-32 所示，代码如图 7-33 所示。

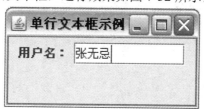

图 7-32 例 12 运行效果

```java
package ch07;
import java.awt.Container;
import javax.swing.*;

public class JTextFdDemo extends JFrame {

    private JTextField yhm;        //定义单行文本框yhm
    private JLabel label;
    public JTextFdDemo() {

        super("单行文本框示例");//调用父类的构造方法，设置窗口的标题
        setLocation(300, 300);    //设置窗口显示位置，坐标（300,300）处
        setSize(200, 100);        //设置窗口大小200*100

        label = new JLabel("用户名：");    //创建标签"用户名"
        yhm = new JTextField(10);         //创建长度为10的单行文本框
        Container c = getContentPane(); //得到当前窗口的内容窗格
        JPanel p = new JPanel();          //创建中间容器
        p.add(label);    //将标签添加到中间容器上
        p.add(yhm);      //将单行文本框添加到中间容器上
        c.add(p);        //将中间容器添加到内容窗格上

        setDefaultCloseOperation(EXIT_ON_CLOSE);  // 设置退出应用程序，同时关闭窗口
        setVisible(true);         //设置窗口可见
    }
    public static void main(String args[]) {
        new JTextFdDemo(); //创建JTextFdDemo窗口对象
    }
}
```

图 7-33 例 12 代码

2) 密码框组件(JPasswordField)

密码框组件(JPasswordField)与文本框组件的定义与用法类似，唯一不同的是密码框使用户输入的字符串以某种方式进行加密。

例 13　在例 12 代码上加一个密码框，运行效果如图 7-34 所示，代码如图 7-35 所示。在 JPasswordField 类中提供了一个 setEchoChar()方法，可以改变密码框的回显字符。

图 7-34　例 13 运行效果

```
1 package ch07;
2 import java.awt.Container;
3 import java.awt.GridLayout;
4 import javax.swing.*;
5
6 public class JPassWdDemo extends JFrame {
7
8     private JTextField yhm;        //定义单行文本框yhm
9     private JLabel lab1, lab2;
10    private JPasswordField pwd;    //定义密码框pwd
11    public JPassWdDemo() {
12
13        super("密码框示例");         //调用父类的构造方法，设置窗口的标题
14        setLocation(300, 300);      //设置窗口显示位置，坐标（300,300）处
15        setSize(200, 80);           //设置窗口大小200*80
16
17        lab1 = new JLabel("用户名：", SwingConstants.CENTER);    //创建标签"用户名"，文字居中对齐
18        yhm = new JTextField(10);    //创建长度为10的单行文本框
19        lab2 = new JLabel("密　码：", SwingConstants.CENTER);    //创建标签"密码"
20        pwd = new JPasswordField(10); //创建长度为10的密码框
21        pwd.setEchoChar('@');         //设置密码框的回显字符
22
23        Container c = getContentPane(); //得到当前窗口的内容窗格
24        setLayout(new GridLayout(2, 2, 10, 5)); //设置当前窗口为网格布局，2行2列，水平垂直间距分别是10和5
25        c.add(lab1);
26        c.add(yhm);
27        c.add(lab2);
28        c.add(pwd);
29
30        setDefaultCloseOperation(EXIT_ON_CLOSE);  // 设置退出应用程序，同时关闭窗口
31        setVisible(true);           //设置窗口可见
32    }
33    public static void main(String args[]) {
34        new JPassWdDemo();   //创建JPassWdDemo窗口对象
35    }
36 }
```

图 7-35　例 13 代码

3) 文本区(JTextArea)

文本区(JTextArea)类提供可以编辑或显示多行文本的区域，默认情况下，文本区是可编辑的。JTextArea 的构造方法如图 7-36 所示。

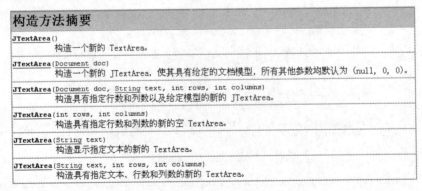

构造方法摘要
JTextArea() 　　　构造一个新的 TextArea。
JTextArea(Document doc) 　　　构造一个新的 JTextArea，使其具有给定的文档模型，所有其他参数均默认为 (null, 0, 0)。
JTextArea(Document doc, String text, int rows, int columns) 　　　构造具有指定行数和列数以及给定模型的新的 JTextArea。
JTextArea(int rows, int columns) 　　　构造具有指定行数和列数的新的空 TextArea。
JTextArea(String text) 　　　构造显示指定文本的新的 TextArea。
JTextArea(String text, int rows, int columns) 　　　构造具有指定文本、行数和列数的新的 TextArea。

图 7-36　JTextArea 的构造方法

例 14　创建一个文本区，用来显示考场规则，运行效果如图 7-37 所示，代码如图 7-38 所示。

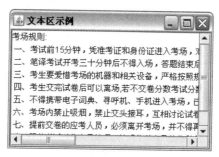

图 7-37　例 14 运行效果

```
1  package ch07;
2  import java.awt.Container;
3  import javax.swing.*;
4
5  public class JTextAreaDemo extends JFrame {
6
7      private JTextArea info;          //定义文本区info
8      JScrollPane scrollPane;          //定义滚动面板
9      public JTextAreaDemo() {
10
11         super("文本区示例");          //调用父类的构造方法，设置窗口的标题
12         setLocation(300, 300);       //设置窗口显示位置，坐标（300,300）处
13         setSize(300, 200);           //设置窗口大小300*200
14
15         //创建文本区，初始化内容为"考场规则……",10行10列
16         info = new JTextArea("考场规则:\n"+
17                 "一、考试前15分钟，凭准考证和身份证进入考场，对号入座，将准考证和身份证放在桌面右上角，便于监考人员检查"+
18                 "二、笔译考试开考三十分钟后不得入场，答题结束后提交试卷可以申请离场。\n"+
19                 "三、考生要爱惜考场的机器和相关设备，严格按照规定的操作说明进行操作，如有人为损坏，照价赔偿。\n"+
20                 "四、考生交完试卷后可以离场，若不交卷分数计分数为零。\n"+
21                 "五、不得携带电子词典、寻呼机、手机进入考场，已带进考场的必须切断电源，并与其它物品存放在指定位置，不得"+
22                 "六、考场内禁止吸烟，禁止交头接耳，互相讨论试卷。\n"+
23                 "七、提前交卷的应考人员，必须离开考场，并不得再次进入考场或在附近停留、大声喧哗。\n"+
24                 "八、服从考试工作人员管理，接受监考人员的监督和检查。对无理取闹、辱骂、威胁、报复考试工作人员、作弊或违"+
25                 10,10);
26         info.setEditable(false);     //设置文本区不可编辑
27         scrollPane = new JScrollPane(info,JScrollPane.VERTICAL_SCROLLBAR_AS_NEEDED,
28                 JScrollPane.HORIZONTAL_SCROLLBAR_ALWAYS);   //创建滚动面板，垂直滚动条有需要时显示，水平滚动条总是显示
29         Container c = getContentPane();   //得到当前窗口的内容窗格
30         c.add(scrollPane);           //将滚动面板添加到当前窗口
31
32         setDefaultCloseOperation(EXIT_ON_CLOSE);   // 设置退出应用程序，同时关闭窗口
33         setVisible(true);            //设置窗口可见
34     }
35     public static void main(String args[]) {
36         new JTextAreaDemo();         //创建JTextAreaDemo窗口对象
37     }
38 }
```

图 7-38　例 14 代码

从图 7-38 中可以看到，用 setEditable()方法来设置文本区不可编辑。

8. 列表组件

Swing 中提供了下拉列表框与列表框两种列表组件。下拉列表框与列表框都是带有一系列项目的组件，用户可以从中选择需要的项目。列表框较下拉列表框更直观一些，它将所有的项目罗列在列表框中；但下拉列表框较列表框更为便捷和美观，它将所有的项目隐藏起来，当用户选用其中的项目时才会显现出来。

1) 下拉列表框组件(JComboBox)

下拉列表框组件(JComboBox)是一个带条状的显示区，它具有下拉功能，在下拉列表框的右方存在一个倒三角形的按钮，当用户单击该按钮时，下拉列表框中的项目将以列表形式显示出来。JComboBox 的构造方法如图 7-39 所示。在初始化下拉列表框时，可以同时指定下拉列表框的项目内容，也可以在程序中使用其他方法设置下拉列表框的内容，下拉列表框中的内容可以被封装在 ComboBoxModel 类型、数组或者 Vector 类型中。

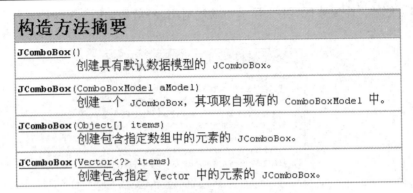

图 7-39　JComboBox 的构造方法

例 15　创建一个下拉列表框,用以选择学历,运行效果如图 7-40 所示,代码如图 7-41 所示。

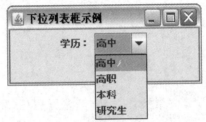

图 7-40　例 15 运行效果

```
 1  package ch07;
 2  import java.awt.Container;
 5
 6  public class JComboBoxDemo extends JFrame {
 7
 8      private JComboBox jc;          //定义下拉列表框jc
 9      private JLabel label;
10      private String xl[]={"高中","高职","本科","研究生"}; //定义学历数组
11      public JComboBoxDemo() {
12
13          super("下拉列表框示例");//调用父类的构造方法,设置窗口的标题
14          setLocation(300, 300);     //设置窗口显示位置,坐标 (300,300) 处
15          setSize(250, 100);         //设置窗口大小250*100
16
17          label = new JLabel("学历:");    //创建标签"学历"
18          jc = new JComboBox(xl);         //创建一个学历下拉列表框
19          setLayout(new FlowLayout());    //设置为流布局管理器
20          Container c = getContentPane();
21          c.add(label);          //将标签添加到内容窗格上
22          c.add(jc);             //将下拉列表框添加到内容窗格上
23
24          setDefaultCloseOperation(EXIT_ON_CLOSE);  // 设置退出应用程序,同时关闭窗口
25          setVisible(true);        //设置窗口可见
26      }
27      public static void main(String args[]) {
28          new JComboBoxDemo();   //创建JComboBoxDemo窗口对象
29      }
30  }
```

图 7-41　例 15 代码

2) 列表框组件(JList)

　　列表框组件(JList)与下拉列表框组件的区别不仅表现在外观上,当激活下拉列表框时,会出现下拉列表框中的内容,但列表框只是在窗体上占据固定的大小,如果要使列表框具有滚动效果,可以将列表框放入滚动面板中。用户在选择列表框中的某一项时,按住"Shift"键并选择列表框中的其他项目,其他项目也将被选中;也可以按住"Ctrl"键并单击列表框中的项目,这样列表框中的项目处于非选择状态。

JList 的构造方法如图 7-42 所示。如果使用没有参数的构造方法,可以在初始化列表框后使用 sctListData()方法对列表框进行设置,同时也可以在初始化的过程中对列表框中的项目进行设置。设置的方式有 3 种类型,包括数组、Vector 类型和 ListModel 类型。

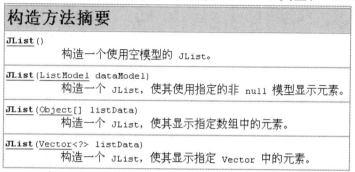

构造方法摘要
JList() 　　　构造一个使用空模型的 JList。
JList(ListModel dataModel) 　　　构造一个 JList,使其使用指定的非 null 模型显示元素。
JList(Object[] listData) 　　　构造一个 JList,使其显示指定数组中的元素。
JList(Vector<?> listData) 　　　构造一个 JList,使其显示指定 Vector 中的元素。

图 7-42　JList 的构造方法

当使用数组作为构造方法的参数时,首先需要创建列表项目的数组,然后再利用构造方法来初始化列表框。

例 16　创建一个列表框,进行喜欢的汽车品牌选择,运行结果如图 7-43 所示,代码如图 7-44 所示。

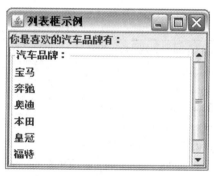

图 7-43　例 16 运行效果

```java
package ch07;

import java.awt.BorderLayout;

public class JListDemo extends JFrame{

    private JList list;
    private JLabel lab;
    private String[] cars = {"宝马","奔驰","奥迪","本田","皇冠","福特","现代"};
    public JListDemo(){

        super("列表框示例");        //调用父类的构造方法,设置窗口的标题
        setLocation(300, 300);      //设置窗口显示位置,坐标(300,300)处
        setSize(250, 200);          //设置窗口大小250*250
        setDefaultCloseOperation(EXIT_ON_CLOSE);  // 设置退出应用程序,同时关闭窗口
        lab = new JLabel("你最喜欢的汽车品牌有:");
        list = new JList(cars);
        list.setBorder(BorderFactory.createTitledBorder("汽车品牌:")); //设置list的边框,标题为"汽车品牌:"的边框
        Container c = getContentPane();  //得到当前窗口的内容窗格

        c.add(lab, BorderLayout.NORTH);
        c.add(new JScrollPane(list));
        setVisible(true);           //设置窗口可见
    }

    public static void main(String args[]) {
        new JListDemo();  //创建JListDemo窗口对象
    }
}
```

图 7-44　例 16 代码

可以用 setBorder()来设置组件的边框,borderFactory 提供标准 Border 对象的工厂类,有各种不同的边框可以使用。

9. 选项对话框

与最流行的窗口系统一样，AWT 也区分模式对话框和无模式对话框。一个模式对话框在用户结束对它的操作之前，不允许用户与应用程序其余的窗口进行交互。模式对话框用于在程序继续运行之前获得用户提供的信息。例如，当用户希望读取一个文件时，一个模式文件对话框就会弹出。用户必须制定一个文件名，然后程序才能开始读取操作。只有当用户关闭(模式)对话框之后，应用程序才能继续执行。

无模式对话框允许用户在对话框和应用程序其余的窗口中输入信息。一个最好的使用无模式对话框的例子就是工具栏。工具栏可以停靠在任何地方，并且用户可以在需要时与应用程序窗口和工具栏进行交互。

Swing 具有一组简单的对话框，用于收集用户的一些简单信息。类 JOptionPane 可以弹出一个简单的模式对话框，而不必编写任何对话框的相关代码。JOptionPane 有四个用于显示这些简单的对话框的静态方法，如表 7-2 所示。

表 7-2　JOptionPane 显示的模式对话框类型

对话框类型	方　　法	功　　能	说　　明
消息对话框	showMessageDialog(Component parentComponent, Object message, String title, int messageType, Icon icon)	显示一条消息并等待用户单击 OK	只含有一个按钮，通常是确定按钮
确认对话框	showConfirmDialog(Component parentComponent, Object message, String title, int optionType, int messageType, Icon icon)	显示一条信息并等待用户确认 (与 OK/Cancel 类似)	通常会问用户一个问题，用户回答是或不是
选项对话框	showOptionDialog(Component parentComponent, Object message, String title, int optionType, int messageType, Icon icon, Object[] options, Object initialValue)	显示一条信息并得到用户在一组选项中的选择	可以让用户自定义对话框类型，可以改变按钮上的文字
输入对话框	showInputDialog(Object message)	显示一条信息并得到用户的一行输入	可以让用户输入相关的信息，当用户按下确认按钮后，系统会得到用户所输入的信息

以上四个方法的部分参数说明如下：

parentComponent	父组件(可以为 null)
message	显示在对话框中的消息(可以使字符串、图标、组件等)
title	对话框标题栏中的字符串
messageType	取值为 ERROR_MESSAGE、INFORMATION_MESSAGE、WARNING_MESSAGE、QUESTION_MESSAGE、PLAIN_MESSAGE
icon	用于代替标准图标的图标
optionType:	决定在对话框的底部所要显示的按钮选项。一般可以为

DEFAULT_OPTION(默认)、YES_NO_ OPTION(Yes 和 No 按钮)、YES_NO_CANCEL_OPTION(Yes、No 和 Cancel 按钮)、OK_CANCEL_OPTION(Ok 和 Cancel 按钮)等

对话框的使用示例如下：

(1) 显示消息对话框，以下代码运行效果如图 7-45 所示。

图 7-45　消息对话框示例

JOptionPane.showMessageDialog(null,"这是消息对话框!","消息对话框示例", JOptionPane.WARNING_MESSAGE)；

(2) 显示确认对话框，以下代码运行效果如图 7-46 所示。

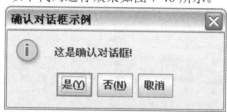

图 7-46　确认对话框示例

JOptionPane.showConfirmDialog(null,"这是确认对话框!","确认对话框示例", JOptionPane.YES_NO_CANCEL_ OPTION,JOptionPane.INFORMATION_MESSAGE);

(3) 显示选项对话框，以下代码运行效果如图 7-47 所示。

图 7-47　选项对话框示例

String[] options = { "钢琴","小提琴","古筝" };

int response=JOptionPane.showOptionDialog(null,"请选择演奏的乐器","选项对话框示例", JOptionPane.DEFAULT_OPTION,JOptionPane.QUESTION_MESSAGE,null,options,options[1]);

(4) 显示输入对话框，以下代码运行效果如图 7-48 所示。

图 7-48　输入对话框示例

String inputValue = JOptionPane.showInputDialog(null,"这是输入对话框","输入对话框示例",JOptionPane. INFORMATION_MESSAGE);

任务 14　仿 Windows 计算器界面的实现

任务要求：实现如图 7-1 所示的仿 Windows 计算器界面。

任务分析：整个大窗口可以看作一个 JFrame 对象，在 JFrame 对象中，存放一个 JPanel 对象，我们需要为这个 JPanel 对象进行布局，将文本框(JTextField 对象)与各个计算器按钮 (JButton 对象)添加到这个 JPanel 中。在添加计算器按钮时，可以使用 GridLayout 网格布局管理器进行布局。布局格式如图 7-49 和图 7-50 所示。大面板、面板 2 用边界布局管理器，面板 1、面板 21 及面板 22 用网格布局管理器。文本框添加在大面板的北边，面板 1 添加在大面板的西边，面板 2 添加在大面板的中间，面板 21 添加在面板 2 的北边，面板 22 添加在面板 2 的中间。

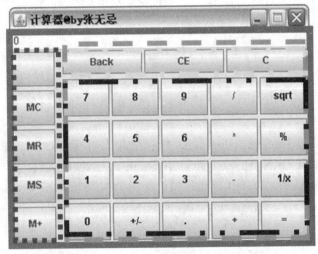

图 7-49　计算器面板组成 1

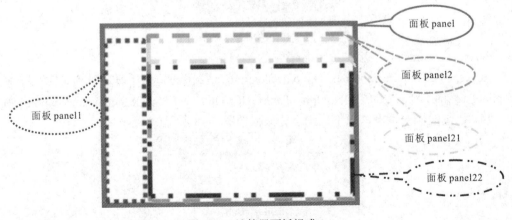

图 7-50　计算器面板组成 2

任务实现：在 ch07 包下创建 Java 文件 CalFrame.java，部分关键源代码如图 7-51 所示。

```
private JTextField textField = null;
// 用一个数组保存MC,MR,MS,M+等操作符
private String[] mOp = { "MC", "MR", "MS", "M+" };
// 用一个数组保存结果操作符
private String[] rOp = { "Back", "CE", "C" };
// 用一个数组保存数字与其它操作符
private String[] nOp = { "7", "8", "9", "/", "sqrt", "4", "5", "6", "*",
    "%", "1", "2", "3", "-", "1/x", "0", "+/-", ".", "+", "=" };
```

```
this.setTitle("计算器@by张无忌");
// 设置为不可改变大小
this.setResizable(false);
// 增加计算输入框
JPanel panel = new JPanel();  //大面板
panel.setLayout(new BorderLayout(10, 1));
panel.add(getTextField(), BorderLayout.NORTH);
panel.setPreferredSize(new Dimension(PRE_WIDTH, PRE_HEIGHT));
// 增加左边存储操作键
JButton[] mButton = getMButton();
// 新建一个panel，用于放置按钮
JPanel panel1 = new JPanel();  //面板1
// 设置布局管理器
panel1.setLayout(new GridLayout(5, 1, 0, 5));
// 迭代增加按钮
for(int i=0;i<mButton.length;i++){
    panel1.add(mButton[i]);
}
// 增加结果操作键
JButton[] rButton = getRButton();
JPanel panel2 = new JPanel();  //面板2
panel2.setLayout(new BorderLayout(1, 5));
// 新建一个panel，用于放置按钮
JPanel panel21 = new JPanel();  //面板21
// 设置布局管理器
panel21.setLayout(new GridLayout(1, 3, 3, 3));
```

```
private JButton getButton() {
    if (button == null) {
        // 设置默认值为0
        button = new JButton();
    }
    return button;
}

/**
 * 这个方法初始化输入框
 *
 * @return javax.swing.JTextField
 */
private JTextField getTextField() {
    if (textField == null) {
        // 设置默认值为0
        textField = new JTextField("0");
        // 设置为不可编辑
        textField.setEditable(false);
        // 设置背景为白色
        textField.setBackground(Color.white);
    }
    return textField;
}
```

```
/**
 * 此方法获得计算器的存储操作键 MC MR MS M+
 *
 * @return 保存JButton的数组
 */
private JButton[] getMButton() {
    JButton[] result = new JButton[mOp.length + 1];
    result[0] = getButton();
    for (int i = 0; i < this.mOp.length; i++) {
        // 新建按钮
        JButton b = new JButton(this.mOp[i]);
        // 设置按钮颜色
        b.setForeground(Color.red);
        result[i + 1] = b;
    }
    return result;
}
```

图 7-51 部分关键源代码

实 战 练 习

1. 编写窗口如图 7-52 所示。源文件(Exe1.java)存储在 ch07 包中。

2. 编写窗口如图 7-53 所示。源文件(Exe2.java)存储在 ch07 包中。

图 7-52　实战 1 运行效果　　　　　　　　图 7-53　实战 2 运行效果

7-5　实战练习 1 参考答案　　　　　　　7-6　实战练习 2 参考答案

项目 8 仿 Windows 计算器运算实现

工作任务

➢ 实现仿 Windows 计算器的运算。

能力目标

➢ 了解 Java 事件响应机制。
➢ 掌握动作事件响应。
➢ 掌握窗口事件响应。

项 目 综 述

张无忌在项目 7 中已经实现了仿 Windows 计算器的界面,但点击界面中的按钮没有任何相关程序的执行,也就是说其运算并没有生效,这是因为程序中缺少对这些组件上所发生的一系列操作的响应。

现在,张无忌想实现该计算器的所有运算。那么,首先需要了解标准 Windows 计算器实现的主要功能有哪些。

该计算器实现的功能主要有:四则运算,求倒数,求开方,存储计算结果,读取计算结果,累计计算结果,如图 8-1 所示。

在此计算器中,主要使用的数学运算有加、减、乘、除四则运算,或对一个正数进行开方,或对一个非 0 的数求倒数,使用到的数学符号有:

➢ 加、减、乘、除,对应使用的符号是"+""-""*""/"。
➢ 开方与倒数,对应的符号是"sqrt"和"1/x"。
➢ 求结果使用的数学符号是"="。
➢ %: 第二个操作数就等于两数相乘再除以 100:
  ■ 按数字 A 后再按乘号,再按另一个数字 B,再按%,就是计算 A 的百分之 B。
  ■ 按数字 A,再按加减除任意一个,再按另一个数字 B,再按%,就是计算 A 加减除 A 的百分之 B。如按 50,按+,按 10,按%,计算 $50 + 50 \times 10\% = 55$。

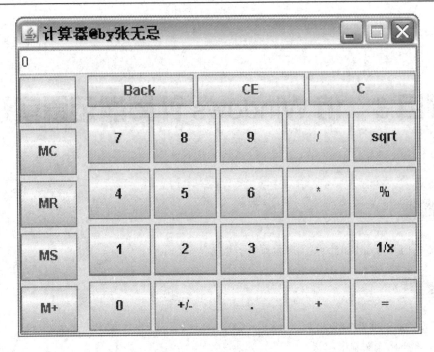

图 8-1　仿 Windows 计算器

除了用于数学运算的符号，Windows 计算器还提供对计算结果做存储、读取、累加、清除等操作，亦有对数字显示框中的数字做退格操作，还可以清除上次计算结果或全部结果。

➢ 使用"MC""MR""MS""M+"符号代表清除存储结果、读取存储结果、保存存储结果、累加存储结果。

➢ 使用"Backspace"符号代表退格。

➢ 使用"CE"和"C"符号代表清除上次计算结果和清除所有计算结果。

知 识 要 点

事件是用户对一个动作的启动。常用的事件包括用户单击一个按钮，在文本框内输入及鼠标、键盘、窗口等的操作。所谓的事件处理是指当用户触发了某一个事件时，系统做出的响应。

Java 采用的是委派事件模型的处理机制，也称为授权事件模型。当用户与组件进行交互，触发了相应的事件时，组件本身并不直接处理事件，而是将事件的处理工作委派给事件监听器。不同的事件可以交由不同类型的监听器去处理。

图 8-2 描述了委派事件模型的运作流程。从图中可以看到，事件处理机制包含了三个要素：事件源、事件(对象)及事件监听器。

8-1　Java 事件处理

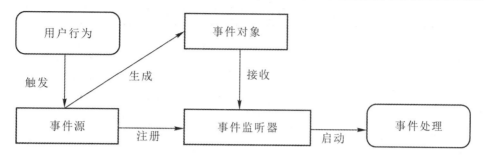

图 8-2 委派事件模型

事件源是产生事件的组件，每个事件源可以产生一个或多个事件。例如，文本框 JTextField 获得焦点时，按回车键则产生动作事件，而修改文本框内容时产生的则是文本事件。为了能够响应所产生的事件，事件源必须注册事件监听器，以便让事件监听器能够及时接收到事件源所产生的各类事件。当接收到一个事件时，监听器会自动启动并执行相关的事件处理代码来处理该事件。

表 8-1 列出了常见的用户行为、事件源和相关的事件类型。如按钮 JButton 在被单击时，会产生 ActionEvent 事件。事件源中的 Component 是所有 GUI 组件的父类，因此每个组件都可以触发 FocusEvent、KeyEvent 和 MouseEvent 事件。

表 8-1 常见的用户行为、事件源和相关的事件类型

用户行为	事件源	事件类名称
单击按钮	JButton	ActionEvent
在文本域按下回车键	JTextField	ActionEvent
选定一个新项	JComBox	ItemEvent, ActionEvent
选定(多)项	JList	ListSelectionEvent
单击复选框	JCheckBox	ItemEvent, ActionEvent
选定菜单项	JMenuItem	ActionEvent
移动滚动条	JScrollBar	AdjustmentEvent
窗口打开、关闭、图标(最小化、还原或正在关闭)	JFrame 等	WindowEvent
组件获得或失去焦点	Component	FocusEvent
释放或按下键		KeyEvent
移动鼠标		MouseEvent

每一个事件类都有与之对应的事件监听器，负责启动执行相关的事件处理代码来处理该事件。Java 中的事件监听器大多以接口形式出现。事件类、事件监听器接口以及事件监听器委派的事件处理者之间存在一定的对应关系，如表 8-2 所示。

表 8-2   事件类、事件监听器接口与事件处理者的关系

事件类名称	事件监听器接口	事件监听器委派的事件处理者
ActionEvent	ActionListener	actionPerformed(ActionEvent e)
ItemEvent	ItemListener	itemStateChanged(ItemEvent e)
FocuseEvent	FocusListener	focusGained(FocusEvent e)
		focusLost(FocusEvent e)
WindowEvent	WindowListener	windowActivated(WindowEvent e)
		windowClosed(WindowEvent e)
		windowClosing(WindowEvent e)
		windowDeactivated(WindowEvent e)
		windowDeiconified(WindowEvent e)
		windowIconified(WindowEvent e)
		windowOpened(WindowEvent e)

综上所述，给出 AWT 事件处理机制的概要：

- 监听器对象是一个实现了特定监听器接口的类的实例。
- 事件源是一个能够注册监听器对象并发送事件对象的对象。
- 当事件发生时，事件源将事件对象传递给所有注册的监听器。
- 监听器对象将利用事件对象中的信息决定如何对事件做出响应。

1. 动作事件(ActionEvent)

当用户按下按钮组件(JButton)、双击列表(JList)的选项、选择菜单项(JMenuItem)或是在文本框(JTextField)文本区(JTextArea)输入文字后按下回车键的同时，即触发了动作事件。从表 8-1 可见，JButton 事件源对应的事件类是 ActionEvent。

为了加深对 Java 的事件委托模型的理解，下面以一个响应按钮单击事件的简单例子来说明所有细节。在这个示例中，我们想要以下功能：

- 在一个面板上添加三个按钮。
- 将窗口本身设置为三个按钮的监听器。

在这种情况下，只要用户单击面板上的任何一个按钮，监听器对象就会接收到一个 ActionEvent 对象，它表示有个按钮被单击了。监听器对象将改变面板的背景颜色。效果如图 8-3 所示。

有四个步骤：① 添加组件，即将三个按钮添加到面板上；② 实现相关事件监听器接口；③ 三个按钮都注册事件源的动作监听器；④ 实现事件触发时要进行的相关处理。

第一个步骤代码如图 8-4 所示。在内容窗格上添加一个中间面板，将三个按钮添加到中间面板上。

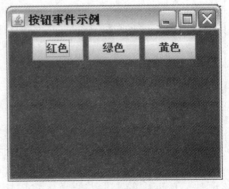

图 8-3   示例效果

```
ButtonListener.java
 1 package ch08;
 2
 3 import java.awt.Container;
 4 import javax.swing.*;
 5
 6 public class ButtonListener extends JFrame {
 7
 8     private JButton redBtn, greenBtn, yellowBtn;        //定义三个按钮
 9     private JPanel pane;
10     public ButtonListener() {
11
12         super("按钮事件示例"); //调用父类的构造方法，设置窗口的标题
13         setLocation(300, 300); //设置窗口显示位置，坐标（300,300）处
14         setSize(250, 200);      //设置窗口大小250*200
15
16         redBtn = new JButton("红色");
17         greenBtn = new JButton("绿色");
18         yellowBtn = new JButton("黄色");
19
20         pane = new JPanel();
21         Container c = getContentPane(); //得到当前窗口的内容窗格
22         c.add(pane);  //将中间容器添加到内容窗格
23
24         pane.add(redBtn);
25         pane.add(greenBtn);
26         pane.add(yellowBtn);
27         setDefaultCloseOperation(EXIT_ON_CLOSE);  // 设置退出应用程序，同时关闭窗口
28         setVisible(true);      //设置窗口可见
29     }
30 }
```

图 8-4　添加三个按钮到面板上

第二步是实现相关事件监听器接口，从表 8-2 可见 ActionEvent 事件的监听器接口是 ActionListener，我们直接让 ButtonListener 窗口实现 ActionListener 接口。代码为 **public class ButtonListener extends JFrame implements ActionListener{**。

第三步是三个按钮都注册事件源的动作监听器。ActionEvent 对应的注册事件监听器方法为"组件名.addActionListener(ActionListener　a)"。相关代码如图 8-5 所示。这里 this 表示当前类对象。因为是 ButtonListener 直接实现了 ActionListener 接口。

```
redBtn = new JButton("红色");
greenBtn = new JButton("绿色");
yellowBtn = new JButton("黄色");

redBtn.addActionListener(this);
greenBtn.addActionListener(this);
yellowBtn.addActionListener(this);
```

图 8-5　按钮注册事件监听器

第四步实现事件触发时要进行的相关处理。这里的处理，即是单击"红色"按钮，窗口背景色变成红色，单击"绿色"按钮，窗口背景色变成绿色，单击"黄色"按钮，窗口背景色变成黄色。从表 8-2 可见 ActionListener 接口有一个 actionPerformed()方法，也就是事件监听器委派的事件处理者。我们在 actionPerformed()方法里添加事件处理代码。先判断单击的是哪个按钮，再进行相应的背景色着色。代码如图 8-6 所示。Object getSource() 方法返回发生事件的对象引用。

```
32    pane.add(redBtn);
33    pane.add(greenBtn);
34    pane.add(yellowBtn);
35    setDefaultCloseOperation(EXIT_ON_CLOSE);  // 设置退出应用程序,同时关闭窗口
36    setVisible(true);        //设置窗口可见
37  }
38  public void actionPerformed(ActionEvent arg0) {
39    // 触发按钮事件后, 用户响应代码写在此方法中
40    if(arg0.getSource() == redBtn)
41      pane.setBackground(Color.red);
42    else if(arg0.getSource() == greenBtn)
43      pane.setBackground(Color.green);
44    else if(arg0.getSource() == yellowBtn)
45      pane.setBackground(Color.yellow);
46
47  }
48  public static void main(String[] args) {
49    new ButtonListener();
50  }
51 }
```

图 8-6　事件触发时要进行的相关处理

2. 窗口事件(WindowEvent)

窗口事件是发生在窗口对象上的事件。从表 8-1 可见，当用户或应用程序在打开、关闭、最大或最小化窗口等时触发 WindowEvent 事件。处理 WindowEvent 事件需要实现 WindowListener 接口，如表 8-2 所示，其中声明了 7 个用来处理不同事件的抽象方法，如表 8-3 所示。

表 8-3　WindowListener 接口中的所有方法

方　　法	用　　途
windowActivated(WindowEvent e)	窗口被激活时调用
windowClosed(WindowEvent e)	窗口被关闭时调用
windowClosing(WindowEvent e)	窗口正在被关闭时调用
windowDeactivated(WindowEvent e)	窗口从激活状态到非激活状态时调用
windowDeiconified(WindowEvent e)	窗口从最小化状态变成正常状态时调用
windowIconified(WindowEvent e)	窗口由正常状态变成最小化状态时调用
windowOpened(WindowEvent e)	窗口打开时调用

完成示例：要求关闭窗口前弹出对话框询问"您确定要关闭当前窗口吗"，选择"是"关闭窗口，选择"否"回到窗口界面，如图 8-7 所示。

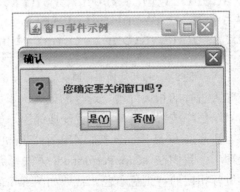

图 8-7　窗口事件示例效果图

有三个步骤：① 实现相关事件监听器接口；② 窗口注册事件源的动作监听器；③ 实现事件触发时要进行的相关处理。各个步骤相关的代码如图 8-8 所示。

```
  1  package ch08;
  2
  3  import java.awt.event.WindowEvent;
  4  import java.awt.event.WindowListener;
  5  import javax.swing.JFrame;
  6  import javax.swing.JOptionPane;
  7
  8  public class windowIsClosed extends JFrame implements WindowListener {    ①
  9
 10     public windowIsClosed() {
 11        super("窗口事件示例");      //调用父类的构造方法，设置窗口的标题
 12        setBounds(300, 300, 250, 200);//设置窗口显示位置坐标（300,300）处，设置窗口大小250*200
 13        setDefaultCloseOperation(DO_NOTHING_ON_CLOSE);    // 设置关闭窗口时，什么也不做
 14
 15        addWindowListener(this);    ②
 16
 17        setVisible(true);        //设置窗口可见
 18     }
 19     public void windowActivated(WindowEvent arg0) { }    // TODO 自动生成方法存根
 20
 21     public void windowClosed(WindowEvent arg0) { }
 22
 23     public void windowClosing(WindowEvent arg0) {
 24        int selectedValue = JOptionPane.showConfirmDialog(this,"您确定要关闭窗口吗？","确认",
 25               JOptionPane.YES_NO_OPTION, JOptionPane.QUESTION_MESSAGE);
 26        if(selectedValue==JOptionPane.YES_OPTION) //如果选择"是"
 27           System.exit(0);                                          ③
 28     }
 29
 30     public void windowDeactivated(WindowEvent arg0) { }
 31
 32     public void windowDeiconified(WindowEvent arg0) { }
 33
 34     public void windowIconified(WindowEvent arg0) { }
 35
 36     public void windowOpened(WindowEvent arg0) { }
 37
 38     public static void main(String[] args) {
 39        new windowIsClosed();
 40     }
 41  }
```

图 8-8　窗口事件代码

任务 15　实现仿 Windows 计算器的运算

任务要求：实现仿 Windows 计算器的所有运算。

任务分析：四则运算在程序中可以直接使用 Java 运算符来实现，开方可以调用 Math 类的 sqrt 方法来实现，倒数可以使用 1 来除以原始的数字。当用户需单击"="的时候，计算器需要将最终的计算结果显示到文本框中。其他的计算器功能都可以通过计算器内部的程序实现。例如使用某个字符串或者数字来保存相应的结果，如果需要计取、存储、累加或者清除结果，可以通过改变或者读取我们所保存的值来实现。

在项目 7 的任务中，已经定义了 CalFrame 类来显示计算器界面。这里再定义三个类。功能类 CalService 用于完成计算器中的逻辑功能，计算工具类 MyMath 用于处理大型数字的加减乘除。计算器 Cal 类用于打开计算器。

任务实现：

① MyMath 工具类：使用 float、double 两种浮点基本类型进行计算，容易损失精度。我们使用一个自己定义加减乘除方法的类，此类使用 BigDecimal 来封装基本类型，既不损失精度，也可以进行超大数字的四则运算。MyMath 类部分代码如图 8-9 所示。

```java
 1  package ch08;
 2
 3  import java.math.BigDecimal;
 4
 5  /**
 6   * 四则运算类
 7   */
 8  public class MyMath {
 9      // 保留小数点位数
10      public static final int DEFAULT_SCALE = 20;
11
12      /**
13       * 加法
14       *实现double类型num1和num2相加，返回double的结果值
15       */
16      public static double add(double num1, double num2) {
17          BigDecimal first = getBigDecimal(num1);
18          BigDecimal second = getBigDecimal(num2);
19          return first.add(second).doubleValue();
20      }
21
22      /**
23       * 为一个数字number创建BigDecimal对象
24       */
25      private static BigDecimal getBigDecimal(double number) {
26          return new BigDecimal(number);
27      }
28
29      /**
30       * 减法
31       * 返回double类型的num1减去double类型的num2的结果值
32       */
33      public static double subtract(double num1, double num2) {
34          BigDecimal first = getBigDecimal(num1);
35          BigDecimal second = getBigDecimal(num2);
36          return first.subtract(second).doubleValue();
37      }
38
39      /**
40       * 乘法
41       * 返回num1*num2的结果
42       */
43      public static double multiply(double num1, double num2) {
44          BigDecimal first = getBigDecimal(num1);
45          BigDecimal second = getBigDecimal(num2);
46          return first.multiply(second).doubleValue();
47      }
48
49      /**
50       * 除法
51       * 返回num1和num2两数相除的结果
52       */
53      public static double divide(double num1, double num2) {
54          BigDecimal first = getBigDecimal(num1);
55          BigDecimal second = getBigDecimal(num2);
56          return first.divide(second, DEFAULT_SCALE, BigDecimal.ROUND_HALF_UP)
57                  .doubleValue();
58      }
59  }
```

图 8-9　MyMath 类部分代码

② CalService 类主要是用来处理计算器的业务逻辑，用户在操作计算器时，此类将计算结果返回，并且会记录计算器的状态(用户的上一步操作)，主要包含以下方法：

➤ String callMethod(String cmd, String text)，调用方法并返回计算结果。

➤ String call(String text, boolean isPercent)，用来计算加、减、乘、除法，并返回封装成 String 类型的结果。参数 text 是显示框中的数字内容，boolean 类型的参数 isPercent 代表是否有"%"运算，如果有，便加上去。

➤ String setReciprocal(String text)，用来计算倒数，并返回封装成 String 类型的结果。

➤ String sqrt(String text)，用来计算开方，并返回封装成 String 类型的结果。

➤ String setOp(String cmd , String text)，设置操作符号。

➤ String setNegative(String text)，设置正负数，当 text 是正数时，返回负数的数字字符串，反之，则返回正数的数字字符串。

➤ String catNum(String cmd, String text)，连接输入的数字，每次点击数字，就把新加的数字追加到后面，并封装成字符串返回。

➤ String backSpace(String text)，删除最后一个字符，并返回结果。

➢ String mCmd(String cmd, String text)，用来实现"M+""MC""MR""MS"与存储有关的功能。

➢ String clearAll()，清除所有计算结果。

➢ String clear(String text)，清除上次计算结果。

CalService 类中的各个方法都是用于处理计算的逻辑，其中 callMethod 方法可以看作是一个中转的方法，根据参数中的 cmd 值进行分发处理，例如调用该方法时将"CE"字符串作为 cmd，那么该方法就根据这个字符串再调用需要执行"CE"的方法。CalService 类部分代码如图 8-10 所示。

```java
package ch08;

import java.math.BigDecimal;

/**
 * 计算业务类
 *
 */
public class CalService {
    // 存储器，默认为0，用于保存需要暂时保存的计算结果
    private double store = 0;
    // 第一个操作数
    private String firstNum = null;
    // 上次操作
    private String lastOp = null;
    // 第二个操作数
    private String secondNum = null;
    // 是否第二个操作数，如果是，点击数字键时，则在文本框中重新输入
    private boolean isSecondNum = false;

    // 数字
    private String numString = "0123456789.";
    // 四则运算
    private String opString = "+-*/";

    /**
     * 默认构造器
     */
    public CalService() {
        super();
    }

    /**
     * 调用方法并返回计算结果
     *
     * @return String
     */
    public String callMethod(String cmd, String text) throws Exception {
        if (cmd.equals("C")) {
            return clearAll();
        } else if (cmd.equals("CE")) {
            return clear(text);
        } else if (cmd.equals("Back")) {
            return backSpace(text);
        } else if (numString.indexOf(cmd) != -1) {
            return catNum(cmd, text);
        } else if (opString.indexOf(cmd) != -1) {
            return setOp(cmd, text);
        } else if (cmd.equals("=")) {
            return cal(text, false);
        } else if (cmd.equals("+/-")) {
            return setNegative(text);
        } else if (cmd.equals("1/x")) {
            return setReciprocal(text);
        } else if (cmd.equals("sqrt")) {
            return sqrt(text);
        } else if (cmd.equals("%")) {
            return cal(text, true);
        } else {
            return mCmd(cmd, text);
        }
    }

    /* 计算四则运算结果 */
    public String cal(String text, boolean isPercent) throws Exception {
        // 初始化第二个操作数
        double secondResult = secondNum == null ? Double.valueOf(text)
                .doubleValue() : Double.valueOf(secondNum).doubleValue();
        // 如果除数为0，不处理
        if (secondResult == 0 && this.lastOp.equals("/")) {
            return "0";
        }
        // 如果有"%"操作，则第二个操作数等于两数相乘再除以100
        if (isPercent) {
            secondResult = MyMath.multiply(Double.valueOf(firstNum), MyMath
                .divide(secondResult, 100));
        }
        // 四则运算，返回结果赋给第一个操作数
        if (this.lastOp.equals("+")) {
            firstNum = String.valueOf(MyMath.add(Double.valueOf(firstNum),
                secondResult));
        } else if (this.lastOp.equals("-")) {
            firstNum = String.valueOf(MyMath.subtract(Double.valueOf(firstNum),
                secondResult));
        } else if (this.lastOp.equals("*")) {
            firstNum = String.valueOf(MyMath.multiply(Double.valueOf(firstNum),
                secondResult));
        } else if (this.lastOp.equals("/")) {
            firstNum = String.valueOf(MyMath.divide(Double.valueOf(firstNum),
                secondResult));
        }
        // 给第二个操作数重新赋值
        secondNum = secondNum == null ? text : secondNum;
        // 把isSecondNum标志为true
        this.isSecondNum = true;
        return firstNum;
    }
```

图 8-10　CalService 类部分代码

③ Cal 类，打开计算器，如图 8-11 所示。

```java
package ch08;

import javax.swing.JFrame;

/**
 * 计算器入口类.
 */
public class Cal {
    public static void main(String[] args) {
        CalFrame f = new CalFrame();
        f.pack();
        f.setVisible(true);
        f.setDefaultCloseOperation(JFrame.EXIT_ON_CLOSE);
    }
}
```

图 8-11　Cal 类代码

实 战 练 习

1. 编写窗口如图 8-12 所示。选中 Bold，字体加粗，选中 Italic，字体倾斜。源文件 (Exe1.java)存储在 ch08 包中。

图 8-12　实战练习 1 效果图

2. 编写窗口如图 8-13 所示。在两个文本框中分别输入数据，计算两数之和显示在第三个文本框中。源文件(Exe2.java)存储在 ch08 包中。

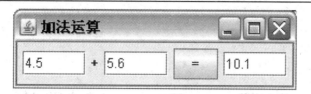

图 8-13   实战练习 2 效果图

8-2   实战练习 1 参考答案   8-3   实战练习 2 参考答案

项目 9 电子通讯录

➢ 实现一个简单的电子通讯录。

能力目标

➢ 了解 Java 中流的概念。
➢ 了解 Java 中输入/输出流的分类。
➢ 掌握文件输入/输出流的使用。
➢ 掌握带缓存的输入/输出流的使用方法。
➢ 掌握对象序列化。

项 目 综 述

虽然现在有各种各样的方式可以存储联系人的相关信息，张无忌还是想自己动手开发一个简易的电子通讯录，以便在文件里保存朋友的相关信息。张无忌根据项目 7 所学的知识很快把图 9-1 和图 9-2 所示的界面做好了，但是如何将数据保存到文件里呢？先来学习 Java 的 I/O 技术吧。

图 9-1 电子通讯录-录入界面

图 9-2 电子通讯录-显示界面

知 识 要 点

　　在变量、数组和对象中存储数据是暂时的，程序结束后它们就会丢失。为了能够永久地保存程序创建的数据，需要将其保存在磁盘文件中，这样以后就可以在其他程序中使用它们。Java 的 I/O 技术可以将数据保存到文本文件、二进制文件甚至是 ZIP 压缩文件中，以达到永久性保存数据的要求。

　　在 Java 程序中，数据的输入/输出操作是以"流"(stream)方式进行的，如从键盘输入数据，将结果输出到显示器，读取与保存文件等操作都可看做是流的处理。Java 中的流是由字符或字节组合成的串，按照流的方向可以分为输入流(Input Stream)和输出流(Output Stream)两种，若数据流入程序则称为输入流，若数据从程序流出则称为输出流，如图 9-3 所示。

· 输入流(Input Stream):　　　　　　　　　　　· 输出流(Output Stream):

　　　　流入程序　　　　　　　　　　　　　　　　从流程流出

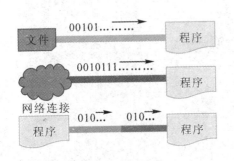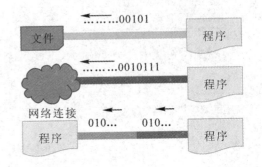

图 9-3　流的输入与输出

流还可以按照处理数据类型的不同分为字节流和字符流。字节流在输入输出过程中以字节(byte)为单位，字符流在输入输出过程中以字符(char)为单位，如图 9-4 所示。

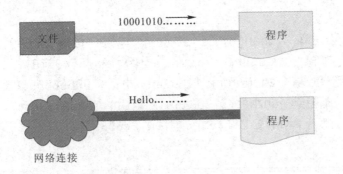

9-1　Java I/O 介绍

图 9-4　字节流与字符流

在 Java 开发环境中，主要是由包 java.io 提供的一系列的类和接口来实现输入/输出处理的。表 9-1 所示的四个类是所有输入输出流的基类。

表 9-1　输入输出流的基类

	字节流	字符流
输入流	InputStream	Reader
输出流	OutputStream	Writer

1. 输入/输出流

1) InputStream 类和 OutputStream 类

InputStream 类是字节输入流的抽象类，是所有字节输入流的父类。InputStream 类的具体层次结构如图 9-5 所示。该类中所有方法遇到错误时都会引发 IOException 异常，程序必须使用 try~catch 块捕获并处理这个异常。下面是对该类中的一些方法的简要说明，如表 9-2 所示。

9-2　字节输入流读写文件

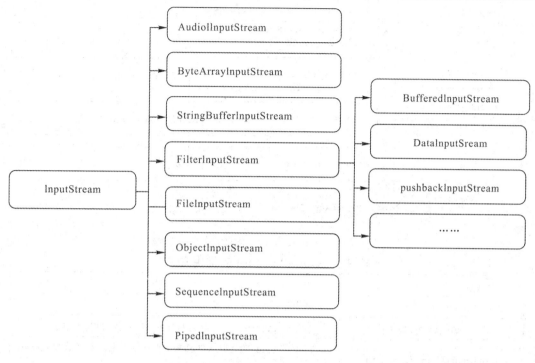

图 9-5　InputStream 类的具体层次结构

表 9-2　InputStream 类的常用方法

方　　　法	说　　　明
read( )	从输入流中读取数据的下一个字节。返回 0~255 范围内的 int 字节值。如果因为已经到达流末尾而没有可用的字节，则返回值-1
read(byte[] b)	从输入流中读入一定长度的字节，以整数的形式返回字节数
mark(int readlimit)	在输入流的当前位置放置一个标记，readlimit 参数告知此输入流在标记位置失效之前允许读取的字节数
reset( )	将输入指针返回到当前所做的标记处
skip(long n)	跳过输入流上的 n 个字节并返回实际跳过的字节数
markSupported()	如果当前流支持 mark()/reset()操作就返回 true
close( )	关闭此输入流并释放与该流关联的所有系统资源

注意　并不是所有的 InputSream 类的子类都支持 InputSream 中定义的所有方法，如 skip()、mark()、reset()等，这些方法只对某些子类有用。

OutputStream 是字节输出流的抽象类，此抽象类表示输出字节流的所有类的超类。OutputStream 类的具体层次如图 9-6 所示。OutputStream 类中的所有方法均返回 void，在遇到错误时会抛出 IOException，需要用 try～catch 捕获并处理。下面对 OutputStream 类中的方法作简单的介绍，如表 9-3 所示。

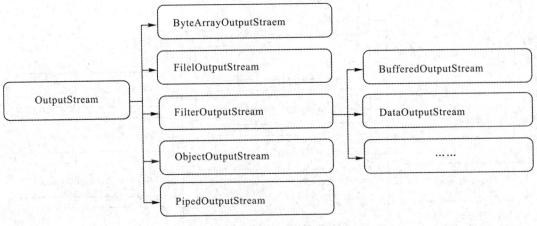

图 9-6　OutputStream 类的层次结构

表 9-3　OutputStream 的常用方法

方　　法	说　　明
write(int b)	将指定的字节写入此输出流
write(byte[] b)	将 b.length 个字节从指定的 byte 数组写入此输出流
write(byte[] b,int off,int len)	将指定 byte 数组中从偏移量 off 开始的 len 个字节写入此输出流
flush()	彻底完成输出并清空缓存区
close()	关闭输出流

2) Reader 类和 Writer 类

Java 中默认的字符是 Unicode 编码的双字节字符。InputStream 是用来处理字节的，在处理字符文本时不是很方便。Java 为字符文本的输入提供了一套单独的 Reader 类。Reader 类是字符输入流的抽象类，所有字符输入流的实现都是它的子类。Reader 类的具体层次结构如图 9-7 所示。Reader 类中的常用方法如表 9-4 所示。

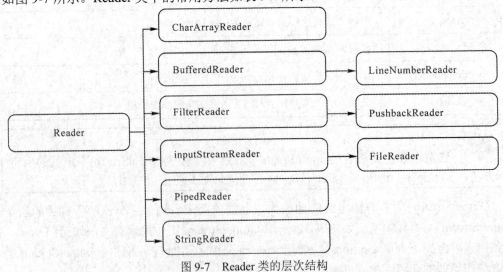

图 9-7　Reader 类的层次结构

表 9-4　Reader 类中的常用方法

方　　法	说　　明
int read( )	从输入流读取一个字符。如果到达文件结尾，则返回 −1
int read(char buf[])	从输入流中将指定个数的字符读入数组 buf 中，并返回读取成功的实际字符数。如果到达文件结尾，则返回 −1
int read(char buf[],int off,int len)	从输入流中将 len 个字符从 off 位置开始读入到数组 buf 中，并返回读取成功的实际字符数目。如果到达文件结尾，则返回 −1
void close()	关闭输入流

Writer 类是字符输出流的抽象类，所有字符输出类的实现都是它的子类。Writer 类的层次结构如图 9-8 所示。Writer 类的常用方法如表 9-5 所示。

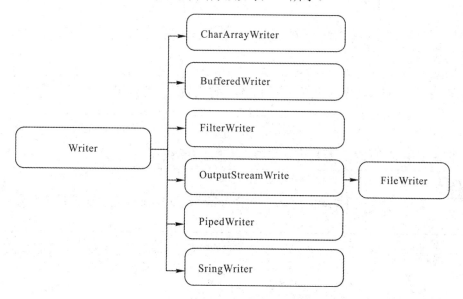

图 9-8　Writer 类的层次结构

表 9-5　Writer 类的常用方法

方　　法	说　　明
void write(int ch)	写入一个字符到输出流中
void write(char buf[])	将一个完整的字符数组写入到输出流中
void write(char buf[],int off,int len)	从数组 buf 的 off 位置开始，写入 len 个字符到输出流中
void write(String str)	写入一个字符串到输出流
void write(String str,int off,int len)	写入一个字符串到输出流中，off 为字符串的起始位置，len 为字符串的长度，即写入的字符数
void close()	关闭输出流

2. 文件输入/输出流

1) FileInputStream 和 FileOutputStream

FileInputStream 类与 FileOutputStream 类都是用来操作磁盘文件的。如果用户的文件读取需求比较简单，则可以使用 FileInputStream 类。该类继承自 InputStream 类。FileOutputStream 类与 FileInputStream 类对应，提供了基本的文件写入能力。FileOutputStream 是 OutputStream 类的子类。

FileInputStream 类常用的构造方法如下：

- FileInputStream(String name)：使用给定的文件名 name 创建一个 FileInputStream 对象。
- FileInputStream(File file)：使用 File 对象创建 FileInputStream 对象。

FileOutputStream 类有与 FileInputStream 类相同参数的构造方法，创建一个 FileOutputStream 对象时，可以指定不存在的文件名，但此文件不能是一个已被其他程序打开的文件。

例 1　使用 FileOutputStream 类向文件 student.txt 写入信息，然后通过 FileInputStream 类将 student.txt 文件中的数据读取到控制台上。运行效果如图 9-9 所示，代码如图 9-10 所示。

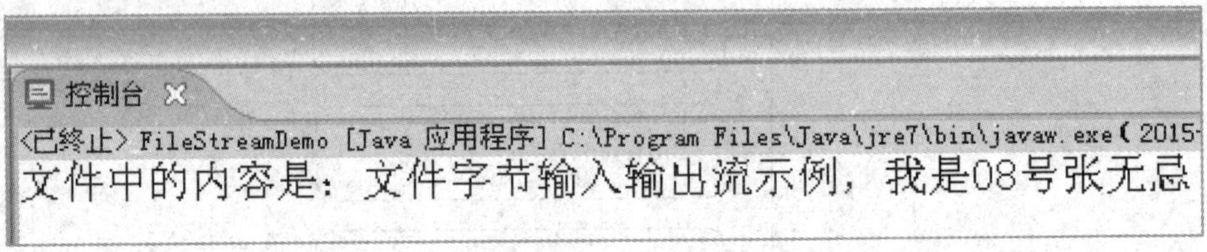

图 9-9　例 1 的运行效果

在例 1 中用到的写入，读取方法原型见表 9-2 和表 9-3。

注意　如果文件 student.txt 不存在，FileOutputStream 类会在项目文件夹下创建一个新文件。

```java
package ch09;

import java.io.*;

// 字节流
public class FileStreamDemo {
    public static void main(String[] args) {

        FileInputStream in = null;  //字节输入流对象
        FileOutputStream out = null;  //字节输出流
        try {
            out = new FileOutputStream("student.txt");//根据文件student.txt创建一个字节输出流对象

            String str = "文件字节输入输出流示例，我是08号张无忌";
            byte b[] = str.getBytes();  //将str解码为字节序列，并将结果存储到字节数组b中
            out.write(b);   //将数组b中的内容写入文件中
            out.close();

            //信息写入文件后，再读取出来
            in = new FileInputStream("student.txt"); //根据文件student.txt创建一个字节输入流对象
            byte info[]=new byte[1024];
            int len = in.read(info);//从输入流中将最多1024个字节的数据读入数组info中，实际读取的字节总数存放在len中
            System.out.println("文件中的内容是: "+new String(info,0,len));
            in.close();

        } catch (FileNotFoundException e) {
            System.out.println("找不到指定文件");
        } catch (IOException e) {
            System.out.println("文件复制错误");
        }
    }
}
```

图 9-10　例 1 代码

2) FileReader 和 FileWriter

使用 FileOutputStream 类向文件中写入数据与使用 FileInputStream 类从文件中将内容

读取出来都存在一点不足：这两个类都只提供了对字节或字节数组的读取方法。由于汉字在文件中占用两个字节，如果使用字节流，读取过程中可能出现乱码现象。此时采用字符流 FileReader 或 FileWriter 类即可避免这种现象。

FileReader 类顺序地读取文件，FileWriter 类将数据写入文件。

9-3 字符输入流读写文件

例 2 通过字符流类实现文本文件的复制。复制 student.txt 文件内容到 teacher.txt 文件中。运行效果如图 9-11 所示。代码如图 9-12 所示。

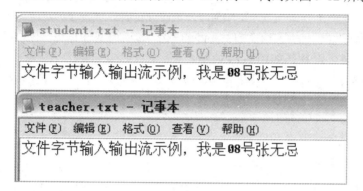

图 9-11 例 2 的运行效果

```java
package ch09;

import java.io.*;

//字符流
public class FileReaderWriter {
    public static void main(String[] args) throws Exception {

        //根据文件student.txt生成一可读取字符的输入流对象fr
        FileReader fr = new FileReader("student.txt");

        //根据文件teacher.txt生成一可写入字符的输出流对象fw
        FileWriter fw = new FileWriter("teacher.txt");

        int b;
        while ((b = fr.read()) != -1) {//如果文件尾已经到达，那么read方法返回-1
            //System.out.print((char) b);
            fw.write(b);
        }
        fr.close();
        fw.close();
    }
}
```

图 9-12 例 2 代码

3. File 类

File 类是 java.io 包中唯一代表磁盘文件本身信息的类。File 类是文件和目录路径名的抽象表示，主要用于文件和目录的创建、查找和删除等操作。File 类定义了一些与平台无关的方法来操作文件，可以通过调用 File 类中的方法实现创建、删除、重命名文件等。File 类的对象主要用来获取文件本身的一些信息，如文件所在的目录、文件的长度、文件读写权限等。

9-4 File 类

File 类的构造方法如图 9-13 所示。

构造方法摘要

`File(File parent, String child)`	
	根据 parent 抽象路径名和 child 路径名字符串创建一个新 File 实例。
`File(String pathname)`	
	通过将给定路径名字符串转换成抽象路径名来创建一个新 File 实例。
`File(String parent, String child)`	
	根据 parent 路径名字符串和 child 路径名字符串创建一个新 File 实例。
`File(URI uri)`	
	通过将给定的 file: URI 转换成一个抽象路径名来创建一个新的 File 实例。

图 9-13　File 类的构造方法

例 3　判断 D 盘下是否存在文件 student.txt，如果该文件存在，则将其删除，若不存在，则创建该文件，其代码如图 9-14 所示。

```java
package ch09;

import java.io.File;
import java.io.IOException;

public class FileTest {

    /**
     * 判断D:/workspace/student.txt文件是否存在，如果存在就把它删除，不存在则创建该文件
     */
    public static void main(String[] args) {

        File file = new File("D:/workspace","student.txt");
        if(file.exists()){  //exists()判断文件是否存在
            file.delete();    //删除文件
            System.out.println("文件已删除");
        }else{
            try {
                file.createNewFile();  //创建新文件
                System.out.println("文件已创建");
            } catch (IOException e) {
                e.printStackTrace();
            }
        }
    }
}
```

图 9-14　例 3 代码

File 类提供了很多方法用于获取文件本身的一些信息，File 类的常用方法如表 9-6 所示。

表 9-6　File 类的常用方法

方　　法	说　　明
getName()	获取文件的名称
canRead()	判断文件是否是可读的
canWrite()	判断文件是否可被写入
exits()	判断文件是否存在
length()	获取文件的长度(以字节为单位)
getAbsolutePath()	获取文件的绝对路径
getParent()	获取文件的父路径
isFile()	判断文件是否存在
isDirectory()	判断文件是否是一个目录
isHidden()	判断文件是否是隐藏文件
lastModified()	获取文件最后修改时间

例 4　获取 D 盘中 workspace 文件夹下的 student.txt 文件的文件名、文件长度，并判断该文件是否是隐藏文件。运行效果如图 9-15 所示。代码如图 9-16 所示。

图 9-15　例 4 运行效果

图 9-16　例 4 代码

4. 带缓存的输入/输出流

缓存可以说是 I/O 的一种性能优化。缓存流为 I/O 流增加了内存缓存区。有了缓存区，使得在流上执行 skip()、mark() 和 reset() 方法都成为可能。

BufferedReader 类和 BufferedWriter 类分别继承 Reader 类与 Writer 类。这两个类具有内部缓存机制，两个类各拥有 8192 字符的缓冲区。当 BufferedReader 在读取文本文件时，会先尽量从文件中读入字符数据并置入缓冲区，而之后若使用 read() 方法，会先从缓冲区中进行读取。如果缓冲区数据不足，才会再从文件中读取，使用 BufferedWriter 时，写入的数据并不会先输出到目的地，而是先存储至缓冲区中。如果缓冲区中的数据满了，才会一次对目的地进行写出。

BufferedReader 类和 BufferWrite 类常用的方法如下：

- read() 方法：读取单个字符。
- readLine() 方法：读取一个文本行，并将其返回为字符串；若无数据可读，返回 null。
- write(String s,int off,int len) 方法：写入字符串的某一部分。
- flush() 方法：刷新该流的缓存。
- newline() 方法：写入一个行分隔符。

使用 BufferWriter 类的 Write() 方法时，如果想立刻将缓存区的数据写入输出流中，一定要调用 flush() 方法。

例 5　输入两个学生的基本信息(包括姓名、学号、Java 课的成绩)，统计学生的总分、平均分，并将学生的基本信息和计算结果保存到文件"student.txt"中。在读取 student.txt

文件的内容，显示在控制台上，运行效果如图 9-17 所示。代码如图 9-18 所示。

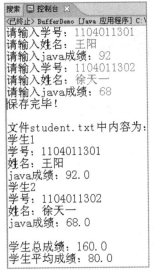

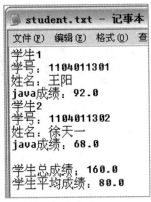

图 9-17　例 5 运行效果

```java
package ch09;

import java.io.*;
import java.util.Scanner;

public class BufferDemo {
    public static void main(String[] args) {

        String s;
        Scanner sc = new Scanner(System.in);
        String num, name;
        double javascore, totalscore=0;
        try {
            FileWriter fw = new FileWriter("student.txt");    //创建FileWriter类对象，基于文件student.txt
            FileReader fr = new FileReader("student.txt");    //创建FileReader类对象，基于文件student.txt

            BufferedWriter bw = new BufferedWriter(fw);  //创建缓冲区字符输出流，基于FileWriter对象
            BufferedReader br = new BufferedReader(fr);  //创建缓冲区字符输入流，基于FileReader对象

            for(int i=0;i<2;i++) {
                System.out.print("请输入学号：");
                num = sc.next();
                System.out.print("请输入姓名：");
                name = sc.next();
                System.out.print("请输入java成绩：");
                javascore = sc.nextDouble();
                totalscore+=javascore;

                bw.write("学生"+(i+1));  //写入字符串"学生1"（其实写到缓冲区中）
                bw.newLine();    //写入一换行符
                bw.write("学号："+num);
                bw.newLine();
                bw.write("姓名："+name);
                bw.newLine();
                bw.write("java成绩："+javascore);
                bw.newLine();
            }
            bw.write("\r\n学生总成绩："+totalscore+"\r\n");   //也可以用"\r\n"的方式来添加换行符
            bw.write("学生平均成绩："+totalscore/2+"\r\n");
            bw.flush();      //将缓冲区中的字符全部写入文件
            System.out.println("保存完毕！");

            System.out.println("\n文件student.txt中内容为：");
            while ((s = br.readLine()) != null) { //读取一行，如果读取结束，返回是null
                System.out.println(s);
            }
            bw.close();
            br.close();
        } catch (IOException e) {
            e.printStackTrace();
        }
    }
}
```

图 9-18　例 5 代码

5. 对象序列化

1）对象序列化

在面向对象编程中，数据经常要和相关的操作被封装在某一个类中。例如，用户的注册信息，以及对注册信息的编辑、读取等操作被封装在一个类中。在实际应用中，需要将整个对象及其状态一起保存到文件中，需要时能够将该对象还原成原来的状态。这种将程序中的对象写进文件，以及从文件中将对象恢复出来的机制就是对象序列化。序列化的实质是将对象的属性数据保存起来，然后转化成连续的字节数据，最后通过字节流保存到文件中。

2) 存储可变类型的对象(对象序列化操作)

要存储对象数据，首先要打开一个 ObjectOutputStream 对象：

ObjectOutputStream out

= new ObjectOutputStream(new FileOutputStream("student.dat"));

如果要存储一个对象，只需要使用 ObjectOutputStream 类中 writeObject 方法，如下面这段代码所示：

Student zwj = new Student("张无忌", "1410050108", 21, "买彩票，编程，唱歌");

JavaTeacher sp = new JavaTeacher("shenping","15 计应 1");   //项目 4 中的示例代码；

out.writeObject(zwj);   //保存 zwj 的相关信息到 student.dat 文件中；

out.writeObject(sp);

要读取使用对象时，首先要取得一个 ObjectInputStream 对象：

ObjectInputStream in = new ObjectInputStream (new FileInputStream("student.dat"));

然后，按照当初写入对象时的顺序，用 readObject 方法取回对象。

Student s1 = (Student)in.readObject();

JavaTeacher j1 = (JavaTeacher)in.readObject();

读取对象时，必须要小心地跟踪存储的对象的数量、顺序以及它们的类型。对于 readObject 的每一次调用都会读取类型为 Object 的另一个对象。因此，需要将其强制类型转化为正确的类型。

但是，对于任何需要在对象流中存储和恢复的类需要做一个修改，该类必须实现 Serializable 接口，该接口中没有方法，所以不需要添加未实现的方法。如刚才的 Student 和 JavaTeacher 类都必须实现 Serializable 接口：

public class Student implements Serializable{   //里面内容不变 }

public class JavaTeacher implements Serializable{   //里面内容不变 }

例 6   定义一个学生数组，保存 5 个学生的信息到文件"student.dat"中，然后读取文件内容并显示在控制台上。运行效果如图 9-19 所示。

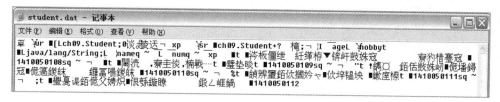

图 9-19   例 6 运行效果

使用对象序列化方式实现例 6 的代码如图 9-20 和图 9-21 所示。

```java
package ch09;

import java.io.Serializable;
// 学生类
//属性：姓名、学号、年龄、兴趣
//方法：显示个人信息
public class Student implements Serializable{

    private String name;          //定义String类型的变量name表示姓名
    private String num;           //定义String类型的变量num表示学号
    private int     age;          //定义int类型的变量age表示年龄
    private String hobby;         //定义String类型的变量hobby表示兴趣

    //带参数的构造方法
    public Student(String name, String num, int age, String hobby){
        this.name = name;
        this.num = num;
        this.age = age;
        this.hobby = hobby;
    }

    //显示个人信息
    public String toString(){
        return("姓名："+name+"\t学号："+num+"\t\t年龄："+age+"\t\t兴趣："+hobby);
    }

    //在主方法里，实例化对象，进行测试
    public static void main(String[] args) {
        Student zwj = new Student("张无忌", "1410050108", 21, "买彩票，编程，唱歌");
        System.out.println(zwj.toString());
    }
}
```

图 9-20　Student 类代码

```java
package ch09;

import java.io.*;

public class ObjectStreamDemo {
    public static void main(String[] args) throws Exception {
        Student[] stus = new Student[5];
        stus[0] = new Student("张无忌", "1410050108", 21, "买彩票，编程，唱歌");
        stus[1] = new Student("赵敏", "1410050109", 19, "逛街，弹琴，骑马");
        stus[2] = new Student("范冰冰", "1410050110", 34, "睡觉、唱歌、打球、溜冰");
        stus[3] = new Student("李晨", "1410050111", 37, "唱歌、蓝桥、舞蹈");
        stus[4] = new Student("周华健", "1410050112", 59, "跑步、游泳、作曲");

        // 创建对象输出流和文件输出流相连
        ObjectOutputStream oos;
        oos = new ObjectOutputStream(new FileOutputStream("student.dat"));

        // 将对象中的数据写入对象输出流
        oos.writeObject(stus);

        // 关闭对象输出流
        oos.close();
        stus = null;


        // 创建对象输入流和文件输入流相连
        ObjectInputStream ois;
        ois = new ObjectInputStream(new FileInputStream("student.dat"));
        // 从输入流中读取对象
        stus = (Student[]) ois.readObject();
        System.out.println("学生信息：");
        for (int i = 0; i < stus.length; i++)
            System.out.println("学生 " + (i + 1) + "： " + stus[i]);
        // 关闭对象输入流
        ois.close();
    }
}
```

图 9-21　例 6 代码

任务 16 实现电子通讯录

任务要求：实现一个简易的电子通信录，如图 9-1 和图 9-2 所示。

任务分析：窗口包含一个"文件"菜单，菜单里有"显示"和"录入"两个菜单项，初始窗口显示"录入"界面，包含姓名、邮箱和电话的标签和文本框以及录入按钮，单击"录入"后，信息写入文件"D:\workspace\address.dat"。单击菜单"显示"后，将文件里的内容读取出来并显示在窗口上(此时窗口只包含一个文本区组件)。

可以用 getContentPane().remove(面板)方法来移除已有面板，改变窗口上的显示组件。要对两个菜单项和按钮进行事件响应。

任务实现：部分添加组件的代码如图 9-22 所示。写信息到文件的代码如图 9-23 所示。单击菜单项的响应代码如图 9-24 所示。

```
70        JPanel p1 = new JPanel();
71        JPanel p2 = new JPanel();
72        JPanel p3 = new JPanel();
73        JPanel p4 = new JPanel();
74
75        nameField = new JTextField(12);
76        emailField = new JTextField(12);
77        phoneField = new JTextField(12);
78        btn = new JButton("录入");
79        btn.addActionListener(this);
80
81        p1.add(new JLabel("姓名：", SwingConstants.CENTER));
82        p1.add(nameField);
83        p2.add(new JLabel("Email：", SwingConstants.CENTER));
84        p2.add(emailField);
85        p3.add(new JLabel("电话：", SwingConstants.CENTER));
86        p3.add(phoneField);
87        p4.add(btn);
88
89        Container c = getContentPane();
90        pAdd = new JPanel();        //"录入"菜单项对应的面板
91        pAdd.setLayout(new GridLayout(4,1));
92        pAdd.add(p1);
93        pAdd.add(p2);
94        pAdd.add(p3);
95        pAdd.add(p4);
96        c.add(pAdd);
97
98        pShow = new JPanel();    // "显示"菜单项对应的面板
```

图 9-22 添加组件到窗口

```
if(arg0.getSource() == btn){//写文件
try{
    if(nameField.getText().equals("")||emailField.getText().equals("")||phoneField.getText().equals("")){
        JOptionPane.showMessageDialog(this, "请输入完整内容", "信息提示框", JOptionPane.WARNING_MESSAGE);
        return;
    }
    if(!file.exists())
        file.createNewFile();        //如果文件不存在，先创建文件
    BufferedWriter bw = new BufferedWriter(new OutputStreamWriter(new FileOutputStream(file,true)));
    bw.write("姓名："+nameField.getText()+"，");        //向文件中写入内容
    bw.write("邮箱："+emailField.getText()+"，");
    bw.write("电话："+phoneField.getText());
    bw.newLine();

    bw.close();
    JOptionPane.showMessageDialog(this, "成功保存！");
    nameField.setText("");
    emailField.setText("");
    phoneField.setText("");
}catch (Exception e) {
    e.printStackTrace();
}
```

图 9-23 单击"录入"按钮后的响应代码

```
    }else if(arg0.getSource() == showMenuItem){      //读文件，并将信息显示在窗口上
        try {
            getContentPane().remove(pAdd);
            JTextArea jtextarea = new JTextArea(20, 10); // 创建文本域对象
            getContentPane().add(pShow); // 窗体中添加面板
            pShow.add(jtextarea); // 向面板中添加文本域
            BufferedReader br = new BufferedReader(new FileReader(file)); // 创建BufferedReader对象

            String name = null;
            int number = 1;
            while ((name = br.readLine()) != null) { // 循环从文件中读数据
                jtextarea.append("\n" + number + "、" + name); // 将读取数据显示在文本域中
                name = new String(name);
                number++;
            }
            br.close();
            repaint();
        } catch (Exception e1) {
            e1.printStackTrace();
        }
    }else if(arg0.getSource()==addMenuItem){
        getContentPane().remove(pShow); // 将面板移除窗体
        getContentPane().add(pAdd);
        repaint(); // 窗体重绘
    }
```

图 9-24　单击"显示"和"录入"菜单项的响应代码

实 战 练 习

1. 实现程序功能：读取如图 9-25 所示的 exam.txt 试题内容，将其输出到控制台上，其中选项前有"*"号的表示为该题答案。要求运行效果如图 9-26 所示。源文件(Exe1.java)存储在 ch09 包中。

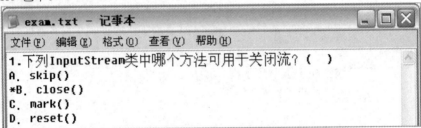

图 9-25　exam.txt 文本内容

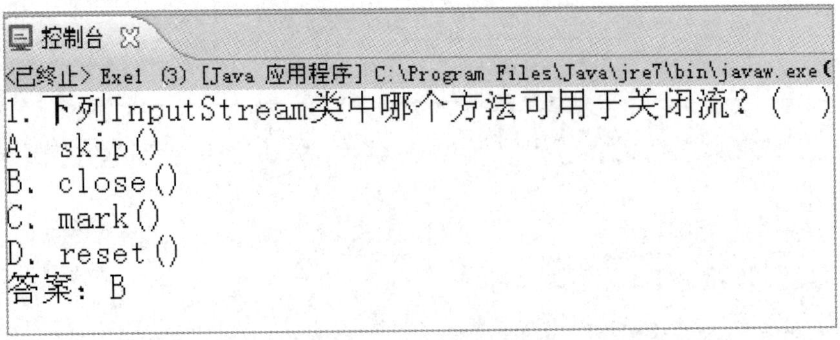

图 9-26　运行效果

2. 新建书 Book 类，包括书名、作者、出版社、单价，从键盘输入 3 本书的信息，利用对象序列化方式 ObjectInputStream 存储至文件 book.dat 中，再利用 ObjectOutputStream 读取显示到控制台上。源文件(Exe2.java)存储在 ch09 包中。运行效果如图 9-27 所示。

```
□控制台 ⊗
<已终止> Exe2 (3) [Java 应用程序] C:\Program Files\Java\jre7\bin\javaw.exe (2015-12-13 下午10:23.37 )
请输入书籍相关信息：
书名：java项目化教程
作者：陈芸
出版社：北邮
价格：26
书名：好父母胜过好老师
作者：张启峰
出版社：长春
价格：35
书名：中国儿童百科全书
作者：编委会
出版社：大百科全书
价格：128
书籍信息：
书籍 1：书名：java项目化教程       作者：陈芸        出版社：北邮          价格：26.0
书籍 2：书名：好父母胜过好老师     作者：张启峰      出版社：长春          价格：35.0
书籍 3：书名：中国儿童百科全书     作者：编委会      出版社：大百科全书    价格：128.0
```

图 9-27　实战练习 2 效果

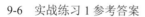

9-6　实战练习 1 参考答案　　　　　9-7　实战练习 2 参考答案

项目 10　图片幻灯片播放器

工作任务

➤ 实现一个图片幻灯片播放器。

能力目标

➤ 了解多线程的概念。
➤ 掌握线程的创建和启动。
➤ 掌握线程的生命周期。

项 目 综 述

　　张无忌对 Windows 图片和传真查看器中的幻灯片播放图片方式一直很好奇，他怎么也想不通，如何能让一张图片显示 10 秒后再显示下一张图片呢。一问老师才知道，原来这里用到了多线程技术。你也想实现如图 10-1 所示的图片幻灯片播放器吗？那就让我们一起来学习多线程技术吧！

图 10-1　图片幻灯片播放效果

知识要点

世间万物会同时完成很多工作，如人体同时进行呼吸、血液循环、思考问题等，几乎所有的操作系统都支持同时运行多个任务，比如编辑 word 文档的同时，听音乐，聊 QQ。这种思想放在Java 中被称为并发。一个任务通常就是一个程序(word、酷我音乐、QQ)，每个运行中的程序就是一个进程(word.exe，Kwmusic.exe，QQ.exe)。而当一个程序运行时，内部可能包含了多个顺序执行流，每个顺序执行流就是一个线程。

10-1　多线程的基本概念

1. 多线程

进程：运行中的应用程序称为进程，进程是系统进行资源分配和调度的一个独立单位。

线程：进程中的一段代码，是进程的组成部分，一个进程可以拥有多个线程。

线程和进程的主要差别：

- 同样作为基本的执行单元，线程的划分比进程小。
- 每个进程都有一段专用的内存区域。与此相反，线程却共享内存单元(包括代码和数据)，通过共享的内存单元来实现数据交换、实时通信与必要的同步操作。

单个程序中只有一个线程就是单线程。

当程序启动运行时，就自动产生一个线程，主方法 main 就在这个主线程上运行。我们的程序都是由线程来执行的。在单个程序中同时运行多个线程完成不同的工作，称为多线程。

多线程是为了同步完成多项任务，不是为了提高运行效率，而是为了提高资源使用效率来提高系统的效率。线程是在同一时间需要完成多项任务的时候实现的。最简单的比喻：多线程就像火车的每一节车厢，而进程则是火车。车厢离开火车是无法跑动的，同理火车很多时候也不会只有一节车厢。

在 Java 中，程序入口被自动创建为主线程，在主线程中可以创建多个子线程。

2. 线程的创建和启动

在 Java 中通过 run()方法为线程指明要完成的任务，有两种技术来为线程提供 run()方法：

(1) 继承 Thread 类并重写它的 run()方法。之后创建这个子类的对象并调用 start()方法。

10-2　多线程的创建

(2) 通过实现 Runnable 接口的类进而实现 run()方法。这个类的对象在创建 Thread 实例的时候作为参数被传入，然后调用 start()方法。

Thread 类是专门用来创建线程和对线程进行操作的类。当某个类继承了 Thread 类之后，该类就叫做一个线程类。Thread 类的构造方法如图 10-2 所示。

两种方法均需执行线程的 start()方法为线程分配必须的系统资源、调度线程运行并执行线程的 run()方法。

Thread()
分配新的 Thread 对象。
Thread(Runnable target)
分配新的 Thread 对象。
Thread(Runnable target, String name)
分配新的 Thread 对象。
Thread(String name)
分配新的 Thread 对象。
Thread(ThreadGroup group, Runnable target)
分配新的 Thread 对象。
Thread(ThreadGroup group, Runnable target, String name)
分配新的 Thread 对象，以便将 target 作为其运行对象，将指定的 name 作为其名称，并作为 group 所引用的线程组的一员。
Thread(ThreadGroup group, Runnable target, String name, long stackSize)
分配新的 Thread 对象，以便将 target 作为其运行对象，将指定的 name 作为其名称，作为 group 所引用的线程组的一员，并具有指定的*堆栈尺寸*。
Thread(ThreadGroup group, String name)
分配新的 Thread 对象。

图 10-2 Thread 类的构造方法

下面是 Thread 类中常用的方法，涉及线程运行状态。

1) start()*方法*

start()用来启动一个线程，当调用 start()方法后，系统才会开启一个新的线程来执行用户定义的子任务，在这个过程中，会为相应的线程分配需要的资源。

2) run()*方法*

run()方法是不需要用户来调用的，当通过 start()方法启动一个线程之后，线程获得了 CPU 执行时间，便进入 run()方法体去执行具体的任务。注意，继承 Thread 类必须重写 run()方法，在 run()方法中定义具体要执行的任务。

3) sleep()*方法*

sleep()相当于让线程睡眠，交出 CPU，让 CPU 去执行其他的任务。

sleep()方法有两个重载版本：

- sleep(long millis)   //参数为毫秒
- sleep(long millis,int nanoseconds)   //第一个参数为毫秒，第二个参数为纳秒

start()方法是启动线程的唯一方法。start()方法首先为线程的执行准备好系统资源，然后再去调用 run()方法。一个线程只能启动一次，再次启动就不合法了。

run()方法中放入了线程的工作，即我们要这个线程去做的所有事情。缺省状况下 run()方法什么也不做。

> **注意**   如果 start()方法调用一个已经启动的线程，系统将抛出 IllegalThreadStateException 异常。

接下来看看示例是如何用这两种不同的方式来创建线程的。

例 1   在线程中循环打印出当前线程的名称和一个整数。在主线程里创建两个子线程。

1) 继承 java.lang.Thread 类

在 main()方法中,使线程执行需要调用 Thread 类中的 start()方法,如图 10-3 所示。start()方法调用被覆盖的 run()方法,如果不调用 start()方法,线程永远都不会启动,在主方法没

有调用 start()方法之前，Thread 对象只是一个实例，而不是一个真正的线程。

```java
1  package ch10;
2
3  class MyThread1 extends Thread{
4      MyThread1(String   name)
5      {
6          super(name);
7      }
8      public void run(){
9          for(int i=1;i<=5;i++)
10             System.out.println(this.getName()+": "+i);
11     }
12 }
13 public class ThreadDemo1{
14     public static void main(String[] args){
15         MyThread1 t1=new MyThread1("线程1");
16         MyThread1 t2=new MyThread1("线程2");
17         t1.start();
18         t2.start();
19         for(int i=1;i<=5;i++)
20             System.out.println(Thread.currentThread().getName()+": "+i);
21     }
22 }
```

图 10-3 继承 Thread 类来创建线程

从程序运行的结果(图 10-4)可以发现，多线程程序是乱序执行。实际上所有的多线程代码执行顺序都是不确定的，每次执行的结果都是随机的。

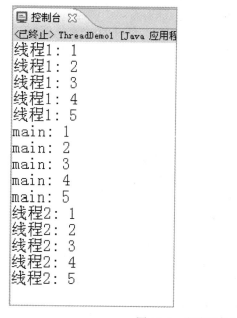

图 10-4 多线程的运行结果

2) 实现 java.lang.Runnable 接口

通过 Runnable 接口创建线程时，首先需要编写一个实现 Runnable 接口的类，然后实例化该类的对象，这样就建立了 Runnable 对象；接下来使用相应的构造方法创建 Thread实例；最后使用该实例调用 Thread 类中的 start()方法启动线程，如图 10-5 所示。

```java
1  package ch10;
2
3  class myThread2 implements Runnable {
4      public void run() {
5          String s = Thread.currentThread().getName();
6          for (int i = 1; i <= 5; i++)
7              System.out.println(s + ": " + i);
8      }
9  }
10
11 public class RunnerDemo {
12     public static void main(String[] args) {
13         myThread2 r1 = new myThread2();
14         Thread t1 = new Thread(r1, "线程1");
15         Thread t2 = new Thread(r1, "线程2");
16         t1.start();
17         t2.start();
18         for (int i = 1; i <= 10; i++)
19             System.out.println("main 主线程" + ": " + i);
20     }
21 }
```

图 10-5　实现 Runnable 接口

实现 Runnable 接口比继承 Thread 类所具有的优势：

(1) 适合多个相同的程序代码的线程去处理同一个资源；

(2) 可以避免 Java 中的单继承的限制；

(3) 增加程序的健壮性，代码可以被多个线程共享，代码和数据独立。

线程中需要注意以下一些问题：

(1) 线程的名字，一个运行中的线程总是有名字的，名字有两个来源，一个是虚拟机自己给的名字，一个是你自己定的名字。在没有指定线程名字的情况下，虚拟机总会为线程指定名字，并且主线程的名字总是 main，非主线程的名字不确定。

(2) 线程都可以设置名字，也可以获取线程的名字，连主线程也不例外。

(3) 获取当前线程的对象的方法是：Thread.currentThread()。

(4) 在上面的代码中，只能保证每个线程都将启动，每个线程都将运行直到完成。一系列线程以某种顺序启动并不意味着将按该顺序执行。对于任何一组启动的线程来说，调度程序不能保证其执行次序，持续时间也无法保证。

(5) 当线程目标 run()方法结束时该线程完成。

(6) 一旦线程启动，它就永远不能再重新启动。只有一个新的线程可以被启动，并且只能一次。一个可运行的线程或死线程可以被重新启动。

(7) 线程的调度是 JVM 的一部分，在一个 CPU 的机器上，实际上一次只能运行一个线程。一次只有一个线程栈执行。JVM 线程调度程序决定实际运行哪个线程(该线程一定是处于可运行状态的)。

例 2　实现如图 10-6 所示的滚动字幕，代码如图 10-7 所示。在本例中，为了使字幕具有滚动功能，在 run()方法中主要循环显示部分字幕，当字幕全部显示完后，又重新开始显示。

图 10-6　滚动字幕效果

```
1    package ch10;
2
3    import java.awt.BorderLayout;
4    import java.awt.Color;
5    import javax.swing.JFrame;
6    import javax.swing.JLabel;
7
8    public class GunDongZiMu extends JFrame implements Runnable{
9        JLabel txtLabel;
10       String zimu;
11       public GunDongZiMu(String zimu) {
12           super("字幕滚动");
13           this.zimu=zimu;
14           txtLabel=new JLabel();
15
16           getContentPane().add(txtLabel,BorderLayout.SOUTH);
17           setSize(255,150);
18           setVisible(true);
19           setLocation(500,200);
20           setDefaultCloseOperation(EXIT_ON_CLOSE);
21       }
22
23       public void run() {//run方法实现字幕的滚动
24           for(int i=0;i<zimu.length();i++){
25               txtLabel.setForeground(Color.RED);
26               txtLabel.setText(zimu.substring(i)+zimu.substring(0,i));
27               if(i==zimu.length()-1)
28                   i=0;
29               try{
30                   Thread.sleep(500);
31               }catch(InterruptedException e){
32                   e.toString();
33               }
34           }
35       }
36
37       public static void main(String[] args) {
38           GunDongZiMu gd=new GunDongZiMu("12月16日,国家主席习近平在乌镇参观了"世界互联网大会——互联网之光博览会"");
39           Thread tt=new Thread(gd);
40           tt.start();
41       }
42   }
```

图 10-7　例 2 滚动字幕代码

3. 线程的生命周期

线程在它的生命周期中一般具有五种状态,即新建、就绪、运行、阻塞和死亡。线程的状态转换图如图 10-8 所示。

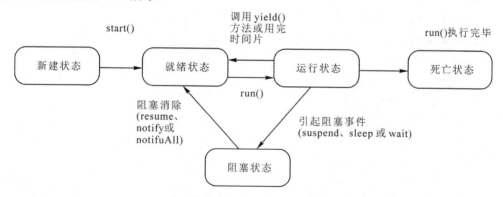

图 10-8　线程的状态转换

1) 新建状态

当用 new 操作符创建一个新的线程对象时,该线程处于创建状态。处于创建状态的线程只是一个空的线程对象,系统不为它分配资源。

2) 就绪状态

处于就绪状态的线程已经具备了运行条件,但还没有分配到 CPU,处于线程就绪队列,等待系统为其分配 CPU。

3) 运行状态

处于运行状态的线程最为复杂,它可以变为阻塞状态、就绪状态和死亡状态。

处于就绪状态的线程,如果获得了 CPU 的调度,就会从就绪状态变为运行状态,执行 run()方法中的任务。如果该线程失去了 CPU 资源,就会又从运行状态变为就绪状态,重新等待系统分配资源。也可以对在运行状态的线程调用 yield()方法，它就会让出 CPU 资源，再次变为就绪状态。

4) 阻塞状态

处于运行状态的线程在某些情况下，如执行了 sleep()方法，或等待 I/O 设备等资源，将让出 CPU 并暂时停止自己的运行，进入阻塞状态。

在阻塞状态的线程不能进入就绪队列。只有当引起阻塞的原因消除时，如睡眠时间已到，或等待的 I/O 设备空闲下来，线程便转入就绪状态，重新到就绪队列中排队等待，被系统选中后从原来停止的位置开始继续运行。

5) 死亡状态

当线程的 run()方法执行完，或者被强制性地终止，就认为它死去。

任务 17　实现图片幻灯片播放器

任务要求：要求实现一个图片幻灯片播放器，如图 10-1 所示。每隔 3 秒播放一张图片，循环播放 5 张图片。

任务分析：窗口包含一个标签，用来显示图片。在 run()方法里循环设置标签要显示的图片，然后使线程睡眠 3 秒，再显示下一张。

任务实现：图片幻灯片播放器代码如图 10-9 所示。

```java
package ch10;
import javax.swing.JFrame;
import javax.swing.ImageIcon;
import javax.swing.JLabel;
public class HuanDengPian extends JFrame implements Runnable{
    JLabel imageLabel;//主要利用JLabel中的setIcon(new ImageIcon(m))方法切换图片
    public HuanDengPian() {
        super("幻灯片播放器");
        imageLabel=new JLabel(new ImageIcon("f:/images/1.jpg"));

        add(imageLabel);
        setSize(745,500);
        setVisible(true);
        setLocation(500,200);
        setDefaultCloseOperation(EXIT_ON_CLOSE);
    }
    public void run() {//run方法实现幻灯的切换
        while(true){
            int i=(int)(Math.random()*5)+1;//产生一个随机数用来显示该显示那张图片
            imageLabel.setIcon(new ImageIcon("f:/images/"+i+".jpg"));
            try{
                Thread.sleep(3000);
            }catch(InterruptedException e){
                e.toString();
            }
        }
    }
    public static void main(String[] args) {
        HuanDengPian h1=new HuanDengPian();
        Thread tt=new Thread(h1);
        tt.start();
    }
}
```

图 10-9　图片幻灯片播放器代码

实 战 练 习

1. 实现图标在标签上滚动,如图 10-10 所示。源文件(Exe1.java)存储在 ch10 包中。

图 10-10　实战练习 1 效果图

2. 在窗口中自动画线段,并且为线段设置颜色,颜色随机产生,如图 10-11 所示。源文件(Exe2.java)存储在 ch10 包中。

图 10-11　实战练习 2 效果图

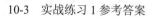

10-3　实战练习 1 参考答案　　　　　　10-4　实战练习 2 参考答案

项目 11　集合存储新冠病例对象

➤开发一套小型的新闻管理系统：
- 使用集合类存储新闻标题；
- 可以对新闻标题进行增、删、改、查；
- 使用学号关联不同的学生，并实现对学生的增、删、改、查操作。

➤ 掌握 Java 集合框架的常用接口。
➤ 掌握常用集合类：ArrayList、LinkedList、HashMap。

项　目　综　述

全球新冠肺炎疫情大流行远远没有结束，老师要求张无忌存储杭州市确诊病例对象信息。张无忌马上想到要先创建患者信息类，然后再用数组来存储。可是在实现过程中，发现病例个数在不断变化，有新增的，也有减少的。除了数组，还能用什么来存储信息呢？这里就要事先了解集合框架技术。

知　识　要　点

1. 为什么需要集合框架

当需要容纳一定的数据时，我们会选择数组。比如：要存储一个班的学生信息，假定这个班有 60 名学生，我们一般使用一个长度为 60 的数组来存储学生对象。

实际编程过程中，会遇到很多更复杂的情绪。比如：如何动态地存储每天的新闻信息？由于每天的新闻总是不确定，无法确定初始化时的元素个数，因此，无法使用数组进行保存，这种情况下，如何存储数据呢？

再比如：如何存储各门课程的代码与课程信息，从而能够通过代码方便地获得课程信息？也就是说，在存储课程时，课程代码与课程对象具有一一对应的关系，可以根据代码获得课程对象。这显然也无法通过数组来解决。

Java 语言为我们提供了一套集合框架，专门对付这类复杂的数据存储问题。如果写程序时并不知道程序运行时会需要多少对象，或许，需要更复杂的方式存储对象，那么可以使用 Java 集合框架。

2. Java 集合框架包含的内容

Java 集合框架为我们提供了一套性能优良、使用方便的接口类型。完整的 Java 集合框架位于 java.util 包中，包含众多的接口和类。出于对易用性及常用性的考虑，这里只讲解比较重要的几个接口和类，这些内容已经足够应对我们日常编程的需要。

Java 集合框架由以下三部分组成，如图 11-1 所示。

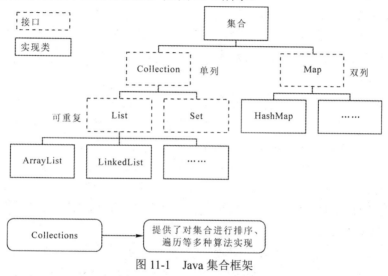

图 11-1   Java 集合框架

1) 接口

Collection 是最基本的集合接口，一个 Collection 代表一组元素。

List 接口继承自 Collection 接口。List 是有序集合，允许有相同的元素。使用 List 能够精确地控制每个元素插入的位置。用户能够使用索引(元素在 List 中的位置，类似于数组下标)来访问 List 中的元素，这类似于数组。

Map 提供 Key(键)到 value(值)的映射，一个 Map 中不能包含相同的 Key，每个 Key 只能映射一个 value。

2) 具体类

实现 List 接口的常用类有 ArrayList 和 LinkedList。它们都可以容纳所有类型的对象，包含 null，并且保证元素的存储顺序。

ArrayList 实现为了可变大小的数组。它的优点在于遍历元素和随机访问元素的效率比较高。

LinkedList 提供了额外的 addFirst()、addLast()、removeFirst()、removeLast()等方法。可以在 LinkedList 的首部或尾部进行插入或者删除操作。这些方法使得 LinkedList 可被用作堆栈(stack)或者队列(queue)。

HashMap 是 Map 接口的实现类，实现一个键到值映射的哈希表。

3) 算法

Java 集合框架提供了类 Collections，它提供了对集合进行排序等多种算法实现。大家在使用 Collections 的时候可以查阅 JDK 帮助文档，这里不做过多的讲解。

3. List 接口和 ArrayList 类

在 Java 程序中，什么情况下会使用到 ArrayList 类，如何使用呢？我们通过一个例子来逐步地进行分析。

例 1　开发一个小型的新闻管理系统，要求如下：

11-1　ArrayList 的使用

(1) 可以存储各类新闻标题(包含每个新闻标题的 ID、名称、创建者、创建时间)。

(2) 可以获取新闻标题的总数。

(3) 可以逐条打印新闻标题的名称。

接下来，我们将根据需求确定新闻标题的存储方式，确定想要存储的对象，完成具体实现的顺序来完成这一开发任务，并从中掌握 ArrayList 类的使用场景及具体用法。

1) 确定存储方式

在需求描述中，提到要存储各类新闻标题，一般情况下，在新闻管理系统中，新闻标题的数码都是不固定的。因此，我们要选择的集合类型一定是代表一组独立的元素，并且元素的个数是可变的，这种情况下，我们很容易把目标锁定在 List 接口上。

另外，开发需求中要求对新闻标题进行逐条打印，这就涉及到对元素的遍历问题。为了提高程序的运行效果，需要选择遍历元素效率较高的集合类型。ArrayList 实现了可变大小的数组，在进行随机访问和遍历元素时，它可以提供更好的性能。这样，我们最终把目标锁定在 ArrayList 类上。

2) 确定存储对象

在需求中已知要存储的对象是各类新闻标题。因此，我们首先要创建一个类，代表新闻标题，这个类中包含属性：ID、名称、创建者、创建时间。具体代码实现如图 11-2 所示。

```java
News.java
1  package ch11;
2  import java.util.Date;
3  //新闻类
4  public class News {
5      private String id;
6      private String title; //新闻标题
7      private String author; //创建者
8      private Date time;     //创建时间
9      //构造方法
10     public News(String id, String title, String author, Date time) {
11         super();
12         this.id = id;
13         this.title = title;
14         this.author = author;
15         this.time = time;
16     }
17
18     public String getTitle() {
19         return title;
20     }
21
22     public void setTitle(String title) {
23         this.title = title;
24     }
25     //返回新闻信息
26     public String toString(){
27         return id+": "+title+"(来自"+author+")-"+time;
28     }
29 }
```

图 11-2　新闻标题类

3）具体实现

前面已经确定了使用 ArrayList 进行存储，存储的数据为 News 对象，接下来，我们就来完成这个开发任务，具体的内容包括如下几个部分：

(1) 按照顺序依次添加各类新闻标题。

(2) 获取新闻标题的总数。

(3) 根据位置获取相应的新闻标题，并逐条打印每条新闻标题的名称，具体实现如图 11-3 所示。

```java
package ch11;
import java.util.ArrayList;
import java.util.Date;
public class TestArrayList {
    public static void main(String[] args) {
        //1、创建一个存储News对象的动态数组aList
        ArrayList<News> aList = new ArrayList<News>();
        //2、准备几条新闻信息
        News n1=new News("01", "卫星图：大规模俄军向基辅推进", "环球网", new Date());
        News n2=new News("02", "战火中的中国驻乌克兰大使馆", "中国侨网", new Date());
        News n3=new News("03", "北京冬残奥会赛程表出炉", "环球网", new Date());

        //3、将新闻添加到aList中
        aList.add(n1);//在末尾添加新闻n1到动态数组中
        aList.add(n2);
        aList.add(n3);

        //4、打印
        System.out.println("新闻标题总数是："+aList.size());
        //逐条取出新闻信息，并显示在控制台上
        for(int i=0;i<aList.size();i++){
            System.out.println(aList.get(i));//get()方法是获取下标是i的数组内容
        }
    }
}
```

图 11-3　新闻对象的创建

图 11-3 新闻对象的创建的运行结果如图 11-4 所示。

```
回 控制台 ×
<已终止> TestArrayList [Java 应用程序] C:\Program Files (x86)\Java\jre7\bin\javaw.e
新闻标题总数是：3
01：卫星图：大规模俄军向基辅推进 (来自环球网) -Mon Apr 11 15:18:59 CST 2022
02：战火中的中国驻乌克兰大使馆 (来自中国侨网) -Mon Apr 11 15:18:59 CST 2022
03：北京冬残奥会赛程表出炉 (来自环球网) -Mon Apr 11 15:18:59 CST 2022
```

图 11-4　新闻对象运行结果

例 1 中指只使用到了 ArrayList 的部分方法，接下来，我们在例 1 的基础上，扩充例 2 所列的几部分内容。

例 2　在指定的位置添加新闻标题；判断是否已经存储了某条新闻标题；删除指定位置处的某一新闻标题。具体实现如图 11-5 所示。

```
1 package ch11;
2 import java.util.ArrayList;
3 import java.util.Date;
4 public class TestArrayList {
5     public static void main(String[] args) {
6         //1、创建一个存储News对象的动态数组aList
7         ArrayList<News> aList = new ArrayList<News>();
8         //2、准备几条新闻信息
9         News n1=new News("01", "卫星图：大规模俄军向基辅推进", "环球网", new Date());
10        News n2=new News("02", "战火中的中国驻乌克兰大使馆", "中国侨网", new Date());
11        News n3=new News("03", "北京冬残奥会赛程表出炉", "环球网", new Date());
12        News n4=new News("04", "2021年全国人口增加48万人", "环球网", new Date());
13        News n5=new News("05", "31省区市新增本土确诊87例", "界面新闻", new Date());
14
15        //3、将新闻添加到aList中
16        aList.add(n1);//在末尾添加新闻n1到动态数组中
17        aList.add(n2);
18        aList.add(0,n3);//在位置0处添加新闻n3
19        aList.add(n4);
20        aList.add(2,n5);
21
22        //4、判断是否包含
23        if(aList.contains(n4))
24            System.out.println("包含新闻:"+n4.getTitle());
25        else
26            System.out.println("不包含新闻:"+n4.getTitle());
27
28        //5、删除
29        aList.remove(2);
30
31        //6、打印
32        System.out.println("新闻标题总数是: "+aList.size());
33        //逐条取出新闻信息，并显示在控制台上
34        for(int i=0;i<aList.size();i++){
35            System.out.println(aList.get(i));//get()方法是获取下标是i的数组内容
36        }
37    }
38 }
```

图 11-5　例 2 代码

例 2 的运行效果如图 11-6 所示。

```
□ 控制台
<已终止> TestArrayList [Java 应用程序] C:\Program Files (x86)\Java\jre7\bin\javaw.exe
包含新闻:2021年全国人口增加48万人
新闻标题总数是: 4
03: 北京冬残奥会赛程表出炉 (来自环球网)-Mon Apr 11 15:12:41 CST 2022
01: 卫星图：大规模俄军向基辅推进 (来自环球网)-Mon Apr 11 15:12:41 CST 2022
02: 战火中的中国驻乌克兰大使馆 (来自中国侨网)-Mon Apr 11 15:12:41 CST 2022
04: 2021年全国人口增加48万人 (来自环球网)-Mon Apr 11 15:12:41 CST 2022
```

图 11-6　例 2 的运行效果

下面我们就来总结一下在例 1 和例 2 中使用到的 List 接口中定义的各种常用方法(也是 ArrayList 的各种常用方法)，如表 11-1 所示。

表 11-1　List 接口中定义的常用方法

返回类型	方　　法	说　　明
boolean	add(Object o)	在列表的末尾顺序添加元素，起始索引位置从 0 开始
int	size()	返回列表中的元素个数
Object	get(int index)	返回指定索引位置处的元素 注意：取出的元素是 Object 类型，使用前需要进行强制类型转换
void	add(int index, Object o)	在指定的索引位置添加元素 注意：索引位置必须介于 0 和列表中元素个数之间
boolean	contains(Object o)	判断列表中是否存在指定元素
boolean	remove(Object o)	在列表中删除元素

4. List 接口和 LinkedList 类

在 Java 程序中，什么情况下会使用到 LinkedList 类，如何使用呢？我们通过一个例子来逐步地进行分析。

例 3 升级一套小型的新闻管理系统的要求如下：

(1) 可以添加头条新闻标题。

(2) 可以删除末条新闻标题。

11-2　LinkedList 的使用

显然，存储对象依然是新闻标题，图 11-2 已经给出了这个新闻标题类的具体实现代码，此处直接拿来使用就可以了。接下来，我们将按照确定存储方式、完成具体实现的顺序来完成这一开发任务，并从中掌握 LinkedList 类的使用场景及具体用法。

1) 确定存储方式

前面已经提到，在新闻管理系统中，新闻标题的数目都是不固定的。因此，我们要选择的集合类型一定是 List 接口的某个实现类。

在本小节的开发任务中，要求可以添加头条新闻标题、删除末条新闻标题。这时，就需要使用到 LinkedList 类了。前面我们已经学习过：LinkedList 是 List 接口的一个实现类，它提供了额外的 addFirst()、addLast()、removeFirst()、removeLast()等方法，可以在 LinkedList 的首部或尾部进行插入或者删除操作。而且，相较于 ArrayList，在插入或者删除元素时，LinkedList 提供更好的性能。因此，在存储方式上，我们选择 LinkedList。

2) 具体实现

使用 LinkedList 来完成这一升级版的新闻管理系统，具体实现如图 11-7 所示。

```java
TestLinkedList.java
1  package ch11;
2  import java.util.Date;
3  import java.util.LinkedList;
4  public class TestLinkedList {
5      public static void main(String[] args) {
6          //1、准备几条新闻
7          News n1=new News("01", "卫星图：大规模俄军向基辅推进", "环球网", new Date());
8          News n2=new News("02", "战火中的中国驻乌克兰大使馆", "中国侨网", new Date());
9          News n3=new News("03", "北京冬残奥会赛程表出炉", "环球网", new Date());
10         News n4=new News("04", "2021年全国人口增加48万人", "环球网", new Date());
11         News n5=new News("05", "31省区市新增本土确诊87例", "界面新闻", new Date());
12         //2、创建LinkedList对象
13         LinkedList<News> List=new LinkedList<News>();
14         //1、添加第一条以及最末尾新闻标题
15         List.add(n1);
16         List.add(n2);
17         List.addFirst(n3);
18         List.addLast(n4);
19         List.addFirst(n5);
20         //2、获取第一条以及最末尾新闻标题
21         System.out.println("========总共有"+List.size()+"条新闻========");
22         System.out.println("第一条新闻是: \n"+List.getFirst());
23         System.out.println("最后一条新闻是: \n"+List.getLast());
24         //3、删除第一条以及最末尾新闻标题
25         List.removeFirst();
26         List.removeLast();
27         System.out.println("========总共有"+List.size()+"条新闻========");
28     }
29 }
```

图 11-7　例 3 代码

例 3 的运行效果如图 11-8 所示。

```
<已终止> TestLinkedList [Java 应用程序] C:\Program Files (x86)\Java\jre7\bin\javaw.ex
========总共有5条新闻========
第一条新闻是：
05：31省区市新增本土确诊87例 (来自界面新闻) -Mon Apr 11 15:24:29 CST 2022
最后一条新闻是：
04：2021年全国人口增加48万人 (来自环球网) -Mon Apr 11 15:24:29 CST 2022
========总共有3条新闻========
```

图 11-8　例 3 的运行效果

接下来，我们总结一下 LinkedList 的各种常用方法。LinkedList 除了包含表 11-1 中列出的各种方法之外，还包括一些特殊的方法，如表 11-2 所示。

表 11-2　LinkedList 的一些特殊方法

返回类型	方　　法	说　　明
void	addFirst(Object o)	在列表的首部添加元素
void	addLast( )	在列表的末尾添加元素
Object	getFirst( )	返回列表中的第一个元素
Object	getLast( )	返回列表中的最后一个元素
Object	removeFirst( )	删除并返回列表中的第一个元素
Object	removeLast( )	删除并返回列表中的最后一个元素

5. Map 接口和 HashMap 类

11-3　HashMap 的使用

前面提到，Map 提供键到值的映射。那么，Java 程序中在什么场景下会使用 Map 接口以及 HashMap 类，又该如何使用呢？我们先来看一个问题。

例 4　软件班学生应聘到外企工作，每个学生都有一个对应的英文名字。现在希望通过英文名称获得学生对象的详细信息，该如何实现呢？

显然，这个问题涉及到数据的存储。那么，要存储什么？以什么方式进行存储？如何存取？这将是解决这个问题的重点。下面，我们就按照确定存储方式、确定存储对象、完成具体实现的顺序来逐步解决这个问题，并从中掌握 HashMap 类的使用场景及具体用法。

1) 确定存储方式

在开发任务中提及到要使用每个学生的英文名称对应每个学生，并通过英文名称获取学员信息。如果我们把英文名称理解为"键"，学生理解为"值"，现在要解决的问题就是建立键到值的映射，并通过键查找值。

这样，我们就把存储方式锁定在 HashMap 上。

2) 确定存储对象

在这次的开发任务中，我们要存储两种数据：键和值。由于要把学生的英文名称为"键"，因此可以直接使用 String 类型。由于要存储的"值"是学生，因此我们要创建一个类来代表学生，这个类中包含属性：姓名、身份证、部门、入职时间。具体代码如图 11-9 所示。

```
Student.java
 1 package ch11;
 2 import java.util.Date;
 3 public class Student {
 4     private String name;          //姓名
 5     private String id;            //身份证
 6     private String location;      //部门
 7     private Date time;            //入职时间
 8     public Student(String name, String id, String location, Date time) {
 9         super();
10         this.name = name;
11         this.id = id;
12         this.location = location;
13         this.time = time;
14     }
15     public String getName() {
16         return name;
17     }
18     public void setName(String name) {
19         this.name = name;
20     }
21
22     @Override
23     public String toString() {
24         return "学生[身份证号码=" + id + ", 部门=" + location + ", 姓名="
25             + name + ", 入职时间=" + time + "]";
26     }
27 }
```

图 11-9　学生信息类

每个类都有 toString()方法(从 Object 类继承而来)，toString()方法代表一个类的字符串描述。当执行语句"System.out.println(类对象)"时，会默认调用该类的 toString()方法。由于 Object 中的 toString()方法用来输出类的内存地址等信息。因此，有时候为了特殊需要可以重写 toString()方法，以便返回需要的内容。

3) 具体实现

使用 HashMap 完成这个开发任务，具体实现如图 11-10 所示。运行效果如图 11-11 所示。

```
TestHash.java
 1 package ch11;
 2 import java.text.ParseException;
 3 import java.text.SimpleDateFormat;
 4 import java.util.Date;
 5 import java.util.HashMap;
 6 public class TestHash {
 7     public static void main(String[] args) {
 8         SimpleDateFormat sdf = new SimpleDateFormat("yyyy-MM-dd");
 9         Date d1=null,d2=null;
10         try {
11             d1 = sdf.parse("2004-03-02");//将字符串转换成时间类型
12             d2 = sdf.parse("2021-09-10");
13         } catch (ParseException e) {
14             System.out.println("时间格式化出错。");
15         }
16         //准备学生对象
17         Student s1=new Student("黎明", "330721198009071234", "研发部", d1);
18         Student s2=new Student("琉璃", "511124200011114321", "销售部", d2);
19
20         HashMap<String,Student> hm = new HashMap<String, Student>();
21         hm.put("Jack", s1);//把英文名词与学员对象按照"键-值对"方式存储
22         hm.put("Rose", s2);
23         System.out.println("键集:"+hm.keySet());
24         System.out.println("值集:"+hm.values());
25         System.out.println("键-值集:"+hm);
26         System.out.println("输出Jack的信息:");
27         System.out.println(hm.get("Jack"));
28     }
29 }
```

图 11-10　例 4 代码

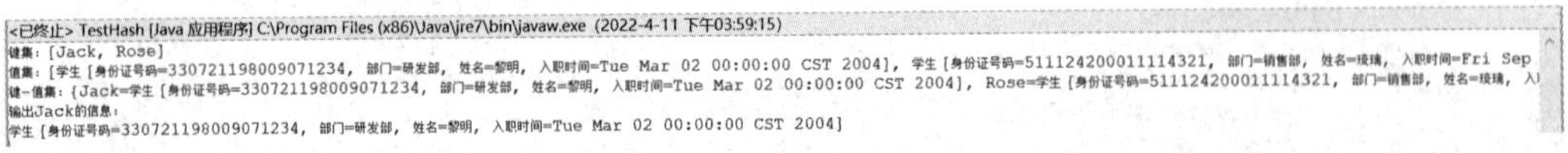

图 11-11   例 4 运行效果

下面我们来总结一下 HashMap 中的各种常用方法，如表 11-3 所示。

表 11-3   HashMap 的常用方法

返回类型	方　法	说　明
Object	put(Object key,Object value)	以"键-值对"的方式进行存储。 注意：键必须是唯一的，值可以重复。如果试图添加重复的键，那么最后加入的"键-值对"将替换掉原先的"键-值对"
set	keySet( )	返回键的集合
Collection	values( )	返回值的集合
boolean	containsKey(Object key)	如果存在由指定的键映射的"键-值对"，返回 true
Object	get(Object key)	根据键返回相关联的值，如果不存在指定的键，返回 null
Object	remove(Object key)	删除由指定的键映射的"键-值对"

6. Collections 常用方法

Collcetions 是集合框架中的工具，提供了一系列静态方法对集合进行排序、查询和修改等操作，还提供了对集合对象设置不可变、对集合对象实现同步控制等方法。

1) 对 list 集合进行排序

- public static void sort(List list)：按自然排序的升序排序。
- public static void sort(List list, Comparator c): 定制排序，由 Comparator 控制排序逻辑。
- public static void shuffle(List list)：随机顺序排序。
- public static void reverse(List list)：反转顺序排序。

例 5　将 0～9 这 10 个数字保存在 ArrayList 列表中，并进行排序。运行效果如图 11-12 所示。代码如图 11-13 所示。

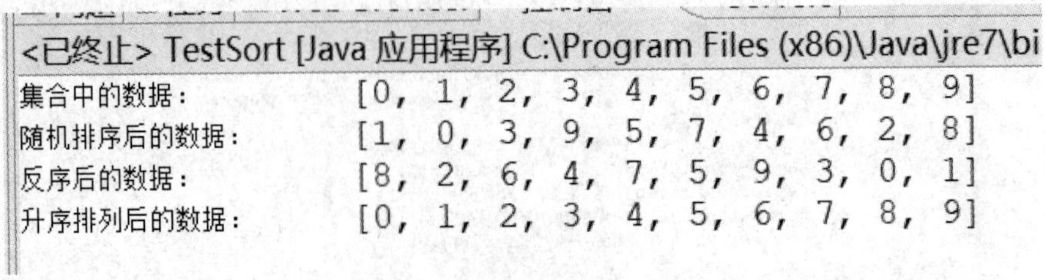

图 11-12   例 5 运行效果

```
1 package ch11;
2 import java.util.ArrayList;
3 import java.util.Collections;
4 public class TestSort {
5     public static void main(String[] args) {
6         ArrayList<Integer> aList = new ArrayList<Integer>();
7         for(int i=0;i<10;i++){
8             aList.add(i);
9         }
10        System.out.println("集合中的数据：\t"+aList);
11        //随机排序
12        Collections.shuffle(aList);
13        System.out.println("随机排序后的数据：\t"+aList);
14        //反序
15        Collections.reverse(aList);
16        System.out.println("反序后的数据：\t"+aList);
17        //升序排序
18        Collections.sort(aList);
19        System.out.println("升序排列后的数据：\t"+aList);
20    }
```

图 11-13　例 5 代码

2) 在有序的 list 集合中进行二分查找

• public static int binarySearch(List list,Object key)：查找 List 中与给定对象 key 相同的元素，返回其索引（前提是要对 list 数据进行排序）。

• public static int binarySearch(List list,Object key,Comparator c)：调用该方法时，必须保证 List 中的元素已经按照 Comparator 类型的参数的比较规则排序。

例 6　在多个水果名中查找是否存在"榴莲"，并显示结果。运行效果如图 11-14 所示。代码如图 11-15 所示。

图 11-14　例 6 运行效果

```
1 package ch11;
2 import java.util.Collections;
3 import java.util.LinkedList;
4 public class TestSearch {
5     public static void main(String[] args) {
6         LinkedList<String> List = new LinkedList<String>();
7         List.add("苹果");
8         List.add("香蕉");
9         List.addFirst("哈密瓜");
10        List.add("榴莲");
11        List.add("菠萝蜜");
12
13        Collections.sort(List);//先排序才能够二分查找
14        int index = Collections.binarySearch(List, "榴莲");//在List中二分法查找"榴莲"
15        if(index>=0)
16            System.out.println("榴莲在位置："+index);
17        else
18            System.out.println("榴莲不存在");
19
20        System.out.println("集合："+List);
21    }
22 }
```

图 11-15　例 6 代码

任务18　用集合存储新冠病例对象

任务要求：存储杭州市新冠疫情确诊病例对象信息。

任务分析：首先确定想要存储的对象，是新冠确诊病例，包含了姓名、身份证号码、住址、确诊时间等；再根据需求确定存储方式，考虑到对象在不停地增加、删除，我们用LinkedList 来存储。

任务实现：运行效果如图 11-16 所示，代码如图 11-17 所示。

```
<已终止> Task17 [Java 应用程序] C:\Program Files (x86)\Java\jre7\bin\javaw.exe  (2022-4-11 下午09:15:11)
患者信息:
新冠确诊患者: [身份证号码=33072119800906****,  住址=西湖区红山街道,  姓名=曾**,  时间=2022-03-10 13:30:00]
新冠确诊患者: [身份证号码=33010620071008****,  住址=拱墅区方圆社区,  姓名=赵**,  时间=2022-04-01 07:00:00]
```

图 11-16　任务 18 运行效果

```java
COVIDer.java

1 package ch11;
2 public class COVIDer {
3     private String name;//姓名
4     private String ID;   //身份证号码
5     private String addr; //住址
6     private String   time; //确诊时间
7     //构造函数
8     public COVIDer(String name, String iD, String addr, String time) {
9         super();
10        this.name = name;
11        ID = iD;
12        this.addr = addr;
13        this.time = time;
14    }
15    public String getName() {
16        return name;
17    }
18    public void setName(String name) {
19        this.name = name;
20    }
21    @Override
22    public String toString() {
23        return "新冠确诊患者: [身份证号码=" + ID + ", 住址=" + addr + ", 姓名=" + name
24              + ", 时间=" + time + "]";
25    }
26 }
```

```java
Task17.java

1 package ch11;
2 import java.util.LinkedList;
3 public class Task17 {
4     public static void main(String[] args) {
5         // 新建患者对象
6         COVIDer zeng = new COVIDer("曾**", "33072119800906****", "西湖区红山街道", "2022-03-10 13:30:00");
7         COVIDer li = new COVIDer("李*", "51112419901221****", "西湖区红山街道", "2022-02-21 08:10:00");
8         //创建集合
9         LinkedList<COVIDer> list = new LinkedList<COVIDer>();
10        list.add(zeng);//添加患者
11        list.add(li);
12
13        //新增一个
14        list.add(new COVIDer("赵**","33010620071008****","拱墅区方圆社区","2022-04-01 07:00:00"));
15
16        //废复一个
17        list.remove(1);
18
19        System.out.println("患者信息:");
20        for(int i=0;i<list.size();i++)
21            System.out.println(list.get(i));
22    }
23 }
```

图 11-17　任务 18 代码

实 战 练 习

1. 创建一个类 Stack，代表堆栈(其特点为：后进先出)，添加 add(Object obj)方法、delete( )方法，以及 main 方法进行验证，如图 11-18 所示。源文件(Exe1.java)存储在 ch11 包中。要求：

◇ 使用 LinkedList 实现堆栈。

◇ 向 LinkedList 中添加时，使用 addLast( )方法。

◇ 从 LinkedList 中取出时，使用 removeLast( )方法。

◇ 在堆栈中添加小数进行测试。

```
回控制台 ×
<已终止> Exe1 (4) |
堆栈中一共有3个小数
95.6出栈
```

图 11-18　实战练习 1 效果图

2. 创建一个 Book 类，包含属性：title(书名)、author(作者)、publisher(出版社)，使用构造方法进行初始化，重写 toString()方法，用以返回 各个属性的值；创建一个 Exe2 测试类，添加 main 方法，要求：使用 HashMap 进行存储，键为 Book 对象的 ISBN 编号，值为 Book 对象，通过某一个 ISBN 获取 Book 对象，并打印该 Book 对象的书名、作者、出版社等，如图 11-19 所示。源文件(Exe2.java)存储在 ch11 包中。

```
<已终止> Exe2 (4) [Java 应用程序] C:\Program Files (x86)\Java\jre7
输出ISBN为9787020089918的图书信息：
标题：钢铁是怎样炼成的，作者：奥斯特洛夫斯基，出版社：人民文学出版社
```

图 11-19　实战练习 2 效果图

11-4　实战练习 1 参考答案

11-5　实战练习 2 参考答案

参 考 文 献

[1]　陈芸. Java 程序设计项目化教程. 北京：清华大学出版社，2015.

[2]　李刚. 疯狂 Java 讲义. 北京：电子工业出版社，2012.

[3]　耿祥义. Java 程序设计实用教程. 北京：人民邮电出版社，2010.

[4]　BRUCE E. Java 编程思想. 4 版. 陈昊鹏，译. 北京：机械工业出版社，2007.